U0270236

健康中国 原创科普

家政服务及
照护者

杨青敏 主编

上海交通大学出版社
SHANGHAI JIAO TONG UNIVERSITY PRESS

内容提要

由于照护需求增大、资源短缺，家政服务及照护者(保姆、护工、月嫂、钟点工等)工作时间总体偏长、强度高、劳动量大以及多在室内劳动等环境因素，导致照护者极易发生生理和心理疾病，常见腰肌劳损、贫血、关节炎、骨质疏松、慢性胃肠道疾病及心理问题。本书从照护者的工作特性出发，从生理、心理、社会、环境等方面向照护者们提供健康指导，以期帮助他们在高强度、高压力的劳动环境中缓解身心压力、排解忧郁情绪，促进身心健康，以保持饱满的精神和良好的健康状态。

图书在版编目(CIP)数据

家政服务及照护者健康锦囊/杨青敏主编. —上海:上海交通
大学出版社,2019
ISBN 978 - 7 - 313 - 21253 - 5

Ⅰ.①家…　Ⅱ.①杨…　Ⅲ.①家政服务-基本知识②保健-
基本知识　Ⅳ.①TS976.7②R161

中国版本图书馆 CIP 数据核字(2019)第 085072 号

家政服务及照护者健康锦囊

主　　编：杨青敏
出版发行：上海交通大学出版社　　　　地　　址：上海市番禺路 951 号
邮政编码：200030　　　　　　　　　　电　　话：021-64071208
印　　制：常熟市文化印刷有限公司　　经　　销：全国新华书店
开　　本：710mm×1000mm　1/32　　印　　张：6.375
字　　数：113 千字
版　　次：2019 年 9 月第 1 版　　　　印　　次：2019 年 9 月第 1 次印刷
书　　号：ISBN 978 - 7 - 313 - 21253 - 5/TS　ISBN 978 - 7 - 89424 - 196 - 2
定　　价：32.00 元

编委会

主　编　杨青敏

副主编　张　璐　乔建歌

编　委　（按姓氏笔画排列）

王　婷　王光鹏　王嘉雯　朱金芬

刘文静　汪亚男　周　丹　赵振华

曹健敏　龚　晨　童亚慧　解　薇

董永泽

主　审　吴丹红　余缤虹

插　图　郑夏霖　罗嘉懿　叶梦茹

前 言

健康中国，科普先行

"没有全民健康，就没有全面小康""健康长寿是我们共同的愿望"……悠悠民生，健康最大。人民健康是民族昌盛和国家富强的重要标志，习近平总书记在十九大报告中提出的实施健康中国战略，是新时代健康卫生工作的纲领。2019 年 7 月 16 日，国务院健康中国行动推进委员会正式对外公布《健康中国行动（2019—2030 年）》文件，提出到 2030 年的一系列健康目标，围绕疾病预防和健康促进两大核心，提出将开展 15 个重大专项行动，促进以治病为中心向以人民健康为中心转变，努力使百姓、群众不生病、少生病。

此外，我国劳动者群体面临的一大健康问题就是慢性疾病的预防和健康教育知识的普及，而职业健康问题也日益凸显，我国由此提出了"全人、全程、全生命"的健康管理理念。今后要将慢病管理的重点转向一级预防，健康的关键在于防患于未然。早发现、早诊断、早治疗的三级管理目标的落地实施，除了依靠医务人员的努力之外，更是离不开每个个体的积极配合。

随着我国经济的快速发展和物质生活水平的不断提高，如何才能健康长寿，成为百姓和群众最关心的事情，也迫切要求我们通过开展健康科普工作，将健康领域的科学知识、科学方法、科学精神向公众普及传播，不断提升健康教育信息服务的供给力度，更好地满足百姓和群众的健康需求。科普书籍赋予百姓、群众医学健康科普教育知识，让人们听得懂、学得会、用得上，更好地进行健康自我管理，促进身心健康。

在此契机下，复旦大学附属上海市第五人民医院南丁格尔志愿者科普团队以及医务护理专家及研究生团队，十几年来致力于慢病科普、社区健康管理及医院-社区-家庭健康教育的科普工作，撰写了健康科普丛书共20余本。此次在前期研究的基础上，历时3年，坚持理论与实践相结合，以"需求导向"为原则，组织撰写了"职业健康科普锦囊丛书"，力求帮助工人、农民、军人、警察、照护者、教师、司乘人员、社会工作者、白领和医务工作者10个职业的人群了解健康管理知识，更深层次地体现职业健康管理科普的教育作用。

"小锦囊，大智慧"，各个职业因为工作性质不同，劳动者工作环境和生活方式存在很大差异，因而形成了各自行业中高发的"生活方式病"，本丛书以这些"生活方式病"的预防和护理为出发点,循序渐进,层层深入,力求帮助各行业的劳动者形成一种健康的生活方式,不仅是"治病",更是"治未病",以达到消除亚健康、提高身体素质、减轻痛苦的目的,做好健康保障、健康管理、健康维护,帮助民众从透支健康的生活模式向呵护健康、预防疾病、促进幸福的新健康模式转换,为健康中国行动保驾护航!同时,本丛书在编写时引入另外一条时间主线,按照春、夏、秋、冬季节交替,收集每个季节的高发疾病,整理成册,循序渐进。其中,对于有些行业在相同季节发病率都较高的疾病,如春季易发呼吸系统疾病,夏季泌尿系统和消化系统疾病高发,冬季心脑血管疾病危害大,即使是相同的疾病,由于患者的职业不同,护理措施和方法也不一样。

　　这套职业健康科普丛书,源于临床,拓展于科普,创于实践,推广性强,凝聚着南丁格尔科普志愿者团队的智慧和汗水,在中华人民共和国70华诞之际,谨以此书献给共和国的劳动者。在丛书即将出版之际,我们感谢上海市科学技术委员会(编号:17dz2302400)、上海市科学技术委员会科普项目(编号:19dz2301700)和闵行区科学技术协会(编号:17-C-03)对我们团队提供的基金支持。感谢参与书籍编写工作的所有医务工作者、科普团队、志愿者、研究生团队对各行各业劳动者的关心，对健康科普和健康管理工作的热情，共同为"健康中国 2030"奉献自己的力量！

家政服务及照护者健康锦囊

随着经济的飞速发展和城市化进程的加快,生活节奏和家庭结构的变化,每个家庭都面临着工作和生活的双重压力,需要照顾的人群越来越多,很多家庭都需要寻求照护者的帮助。在社会职业人群中,家政服务及照护者已经渐渐凸显出其重要性和人员迫切性,例如家政需求、保姆、月嫂、护工等新衍生的职业。为满足各个家庭不同的需求,家政、照护服务业迅速发展,极大促进了家庭生活质量和提高。

照护老人、婴幼儿、孕产妇、病弱者是一项繁重且琐碎的工作,要求照护者必须有强壮的体魄和强大的心理素质。无论居家照护还是机构照护,都需要照顾者兼具责任心和职业素质。目前照护资源短缺,照护者工作时间偏长、强度高、劳动量大以及生活环境的改变,导致家政、照护者极易发生生理和心理疾病。

本书从家政、照护者的工作特性出发,从生理、心理、社会、环境等方面向照护者们提供健康指导,以期帮助他们在高强度、高压力的劳动中缓解身心压力,排解忧郁情绪,促进身心健康,以保持饱满的精神和良好的健康状态。

　　谨以此书献给家庭迫切需要的新型职业——家政、照护者，这本原创科普由复旦大学附属上海市第五人民医院的一线临床资深医务护理工作者和研究生团队、南丁格尔志愿者团队撰写，编者们将多年工作经验融汇其中，凝聚着对照护者辛勤工作的感谢之情和崇敬之意，投入了对科普工作的饱满热情，感谢每一位编者的不懈努力和付出。本书的出版得到了复旦大学附属上海市第五人民医院党办、院办、科研科、教育科、医务科、护理部及各部门领导及同行们的大力支持，感谢为本书付出辛勤努力的每一位成员！

　　最后，感谢正在为家政、照护事业做出辛勤贡献的劳动者，希望这本原创科普能为您的健康自我管理提供一些科普健康教育知识。作者作为最普通的医务工作者把本书献给家庭迫切需要的家政人员和照护者，也送去我们南丁格尔志愿者的一份心愿。

　　2019，我们聆听习总书记的新年寄语——"我们都在努力奔跑，我们都是追梦人"，为健康中国2030，大家一起努力！

张　璐　乔建歌

目录

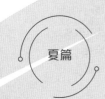

秋篇

冬篇

附录

春篇

春天从这美丽的花园里走来
就像那爱的精灵无所不在
每一种花草都在大地黝黑的胸膛上
从冬眠的美梦里苏醒
——雪莱

1

流行性感冒

一、疾病简介

流行性感冒（简称流感）是由流感病毒引起的急性呼吸道传染病，流感潜伏期短、传染性强且传播迅速，在短时间内可使很多人患病。自潜伏期末到发病后5天均可有病毒从鼻涕、口涎、痰液等分泌物排出，传染期为1周，其中病初2～3天传染性最强，可经飞沫空气传播（以咳嗽、打喷嚏、说话所致飞沫传播为主），也有可能经病毒污染的茶具、食具、毛巾等间接传播。

二、常见病因

流感由流感病毒所致，该病毒不耐热，经100℃1分钟或56℃30分钟可灭活，对常用消毒剂敏感（1％甲醛、过氧乙酸、含氯消毒剂等），对紫外线敏感，耐低温和干燥，真空干燥或-20℃以下仍可存活。其中甲型流感病毒经常发生抗原变异，传染性大，传播迅速，极易发生大范围流行。

三、常见症状

（1）该病潜伏期为1～3天，最短数小时，最长 4 天。

（2）单纯性流感：最为常见。①突发高热，1～2 天内达高峰（体温可高达 39～40℃），3～4 天内退热，其他症状随之缓解，但上呼吸道症状常持续 1～2 周，体力恢复亦较为缓慢。②全身症状较重，如显著头痛、肌肉酸痛、乏力、咽干以及食欲缺乏等。③呼吸道症状较轻，少数患者可有鼻塞、流涕、干咳、打喷嚏等④患者可见急性发热面容，面颊潮红，眼结膜及咽部充血。

（3）肺炎型流感（流感病毒性肺炎）。发病与单纯性流感相似，但发病 1～2 天内病情迅速加重。①患者可出现高热、烦躁不安、剧烈咳嗽、血性痰、呼吸急促、口唇发紫、全身衰竭。抗菌治疗无效，多于 5～10 天内死于呼吸与循环衰竭，此为原发性流感病毒性肺炎，亦称为重型流感肺炎。②部分症状较轻的病例，咳嗽不伴有血性痰，呼吸困难不明显，无明显体征者，病程 1～2 周后可进入恢复期，此为轻型流感病毒性肺炎。

（4）流感与普通感冒的不同如下表所示。

分类/症状	流感	普通感冒
起病时间	急骤	缓慢
发热	高热 3～4 天（体温 38℃以上，可达 39～40℃）	少见
头痛	严重	少见

分类/症状	流感	普通感冒
全身酸痛	严重	轻微
虚弱倦怠	通常	有时
寒战	相当常见	不常见
鼻塞	有时	常见
打喷嚏	有时	常见
喉咙痛	有时	常见
胸闷不适/咳嗽	常见，会变严重	轻度到中度，干咳
预防	流感疫苗，勤洗手、勤通风、增强体质	勤洗手、勤通风、增强体质

四、预防与治疗

1. 预防

（1）保持室内适宜温度（18～20℃）、相对湿度（50％～60％）和空气的流通，患者使用过的食具应煮沸消毒，衣服等可在阳光下暴晒2小时。

（2）平时要注意锻炼身体，增强身体的抵抗力。流行季节应根据天气变化适当增减衣服。另外，应尽量减少集体娱乐活动或者到人群拥挤的公共场所，尤其是室内活动。

（3）预防接种疫苗是预防流感的基本措施，应在流感流行前的季节进行疫苗接种。老人、儿童、免疫受抑制的患者，以及所有易出现并发症的人都是适合的接种对象。

2. 治疗

（1）注意休息，做好自我隔离，避免到人群拥挤的场所，避免随意用手接触鼻子嘴巴和眼睛，避免密切接触流感样带症状者。

（2）咳嗽、打喷嚏时要使用纸巾掩住口鼻，避免传染其他人。

（3）勤洗手，用肥皂和流动水洗手。

（4）睡眠充足，坚持合理锻炼身体，劳逸结合，避免过度劳累。

（5）流感高发期，做好自我防护，出门尽量戴口罩。

五、护理小贴士

一般单纯性流感可不住院，可按照以下几方面进行家庭护理。

（1）将患者安置在单人房间，以防止飞沫传播。

（2）房间通风良好，并定时用食醋熏蒸消毒空气，照料患者时应戴口罩，对患者呼吸道分泌物、污物（如咳出的痰等）应进行消毒。

（3）对有高热者应在医护人员指导下运用适宜的物理降温方法和正确使用退热药物。

（4）给予富有营养、易消化的清淡饮食，应鼓励患者多饮水以减轻中毒症状并缩短病程。

（5）如有高热不退、咳嗽、脓痰、呼吸困难等应及时送医院。

2

接触性皮炎

一、疾病简介

接触性皮炎是皮肤或黏膜单次或多次接触外源性物质后,在接触部位甚至以外的部位发生的炎症性反应。

二、常见病因

有刺激性皮炎和过敏性接触性皮炎两大类。刺激性皮炎是因接触一些刺激性很强的物质引起的,如强酸、强碱;或刺激性虽不太强,但接触时间较长的刺激物(如肥皂、洗衣粉、洗洁精等)而引起的。过敏性接触性皮炎是仅发生于少数具有过敏体质的人在接触了某些通常不具有刺激性的物质(如某些植物、药物、化妆品等)而发生的皮肤反应。反应可在接触的当时发生,也可在接触一段时间后发生。

三、常见症状

病程有自限性,一般去除病因后处理得当,1~2周可痊愈。反复接触或处理不当,可以转为亚急性或慢性皮炎、轻度增生及苔藓样变或湿疹样改变。

(1)皮炎表现一般无特异性,严重程度以

及范围也会因个体差异以及接触的物品而不同，一般皮炎的部位及范围与接触物接触部位一致，但如果接触物为气体、粉尘，则皮炎呈弥漫性而无一定的鲜明界限，多发生在身体暴露的部位。

（2）皮炎发生时多数患者会自觉瘙痒、烧灼或胀痛感，少数严重病例可有全身反应，如发热、畏寒、头痛、恶心等。

（3）症状较轻时：局部呈红斑，淡红至鲜红色，稍有水肿，或有针尖大丘疹密集。

（4）症状较重时：红斑肿胀比较明显，有多数丘疹、水疱，炎症剧烈时可以发生大疱。

（5）刺激性接触性皮炎急性期表现为红斑、水疱、渗出。亚急性、慢性可表现红斑、粗糙、脱屑、皲裂。

四、预防与治疗

1. 预防

（1）生活有规律，睡眠充足。饮食应多吃水果、蔬菜特别注意维生素 C 和 B 族维生素的摄取，避免辛辣刺激性食物，如酒、咖啡、浓茶、辣椒等。

（2）敏感性皮肤应减少按摩、去角质，避免皮肤受到伤害，加强皮肤的保湿能力及了解造成皮炎的原因，留意日常生活、季节变换等因素。

（3）皮肤过敏时尽量不要揉擦或搔抓皮肤，以免加重皮肤刺激，甚至引起感染。另外，搔抓还会起强化作用，会越抓越痒，越痒越抓，形成恶性循环，导致病程延长。

（4）忌用肥皂清洗，碱性对皮肤是一种化学性刺激，可使皮炎加重。若需用肥皂去污时，最好选择刺激性小的硼酸皂。急性期忌热水烫洗患处，用热水烫洗或浸泡会使红肿加重，渗透液增多，加重病情。

（5）及时就医，不要盲目用药。皮炎病程较长，易反复，患者要配合医生耐心治疗。

2. 治疗

（1）全身治疗。内服抗组胺类药物，如赛庚啶、苯海拉明、氯苯那敏、阿伐斯汀、西替利嗪、咪唑斯汀、依巴斯汀、地氯雷他定等；面积广泛、糜烂和渗液严重者，可给予糖皮质激素，如口服泼尼松、曲安西龙或地塞米松；重症者也可先用氢化可的松或地塞米松静脉滴注，等症状减轻后，口服维持。

（2）急性阶段以红斑、丘疹为主者，用洗剂、霜剂或油膏。如炉甘石洗剂、曲安奈德霜、氯氟舒松软膏、肤轻松软膏等，也可使用含有松馏油、糠馏油、氧化锌的油膏外涂。红肿明显，伴水疱、糜烂和渗液者可做开放性冷湿敷，湿敷溶液有 3% 硼酸溶液、1:2 醋酸铝溶液、1:8 000 高锰酸钾溶液。如有脓性分泌物者，用 0.02% 呋喃西林溶液或 0.5% 依沙吖啶溶液湿敷。湿敷不宜过长，通常湿敷 2～3 天,待渗液停止、肿胀消退后,可停止湿敷,改用霜剂或油膏外涂。

(3)亚急性或慢性阶段。以霜剂及油膏外用为主,可用皮质类固醇激素软膏,也可用松馏油膏、黑豆馏油膏、氧化锌油膏等,如有脓性分泌物,可在油膏中加入抗生素,如新霉素、红霉素、杆菌肽,或其他杀菌剂如莫匹罗星软膏、小檗碱(黄连素)、汞剂等。

(4)接触性皮炎如果合并局部感染,如淋巴管炎、淋巴结炎、软组织炎时,可使用抗生素,轻者给予罗红霉素、头孢氨苄或磺胺类药物口服;重者静脉给予青霉素、头孢类菌素或奎诺酮类抗生素。

五、护理小贴士

(1)避免刺激。出现临床症状,应尽量减少局部刺激。避免搔抓,不宜用热水烫洗,避免强烈日光或热风刺激。

(2)对于存留在皮肤上的刺激物质或毒性物质应尽快冲洗清除,冲洗时可用清水或淡肥皂水。接触物若为强酸,可用弱碱性液体冲洗(如苏打水);如为强碱性物质,可用弱酸性液体冲洗(如硼酸液)。

(3)职业性接触性皮炎主要分布在理发、医疗卫生、清洁、食品和建筑等行业。做好个人防护、宣传、教育和培训等措施是降低职业性接触性皮炎发生的有效措施。

（4）面部接触性皮炎者，给患者带来很大痛苦，部分患者有焦虑、悲观、失望、抑郁的消极情绪，无脸面见人。所以接触性皮炎的患者除了积极的药物治疗外，还要进行正确的心理护理。患者应停用一切可疑化妆品，避免日晒、风吹等不良刺激。减少皮肤摩擦，若有水疱不要刺破，保持局部干燥，避免搔抓、热水及皂类刺激。

（5）饮食护理。多饮水，饮食以清淡、易消化为宜，多食含有维生素C的水果。忌食辛辣刺激食物，如酒、辣椒、海鲜等。

3

病毒性心肌炎

一、疾病简介

病毒性心肌炎是指病毒感染引起的心肌局限性或弥漫性的急性或慢性炎症病变，属于感染性心肌疾病。在病毒流行感染期约有 5% 患者发生心肌炎，也可散在发病。临床表现轻重不同。根据典型的前驱感染病史；相应的临床表现；心电图、心肌损伤标志物、超声心动图检查显示的心肌损伤证据考虑该诊断，确诊有赖于心内膜心肌活检。大多数患者经适当治疗后痊愈，极少数患者在急性期因严重心律失常、急性心力衰竭和心源性休克死亡。部分患者可演变为扩张型心肌病。

二、常见病因

多种病毒可引起心肌炎，其中以引起肠道和上呼吸道感染的病毒感染最多见。柯萨奇病毒 A 组、柯萨奇病毒 B 组、埃可（ECHO）病毒、脊髓灰质炎病毒为常见致心肌炎病毒，其中柯萨奇病毒 B 组病毒是最主要的病毒。其他如腺病毒、流感、副流感病毒、麻疹病毒、腮腺炎病毒、乙型脑炎病毒、肝炎病毒、带状疱疹病毒、巨细胞病毒和艾滋病病毒等。

三、常见症状

病毒性心肌炎患者,轻者可无明显症状,重者可导致心力衰竭、心源性休克甚至猝死。

(1)上呼吸道或肠道病毒感染的症状,发病前 1～3 周可出现发热、全身酸痛、咽痛、倦怠、恶心、呕吐、腹泻等。

(2)心脏受累症状,患者常出现胸闷、胸痛、心悸、呼吸困难或心前区隐痛等表现,严重者甚至发生阿斯综合征(患者突然晕厥,轻者眩晕、意识障碍,重者意识完全丧失,常伴有抽搐及大小便失禁、面色苍白,进而发绀)、心力衰竭、心源性休克甚至猝死。

四、预防与治疗

1. 预防

(1)在感冒流行季节或气候骤变情况下,要减少外出,出门应戴口罩并适当增添衣服,还应少去人群密集之处。

(2)发病前 1～3 周有上呼吸道或肠道感染,出现心悸、胸闷、胸痛等症状请及时就医。

(3)长期期前收缩者注意避免剧烈运动,生活有规律,避免精神紧张。

(4)遵医嘱服药,不擅自停药。

2. 治疗

无特异性治疗方法,治疗主要针对病毒感染

和心肌炎症。

（1）休息和饮食。卧床休息、保证充足的睡眠、减少心肌耗氧量可促进心肌的恢复，急性期至少休息到退热后3～4周。一般无症状者急性期应卧床休息1个月，重症患者应卧床休息3个月以上。进易消化和富含蛋白质的食物。

（2）抗病毒治疗。主要用于疾病早期。

（3）营养心肌。急性心肌炎时应用自由基清除剂，包括静脉或口服维生素C、辅酶Q10、B族维生素、ATP、肌苷、环化腺苷酸、细胞色素C、丹参等。

（4）糖皮质激素。不常规使用。对其他效果治疗效果不佳者，可考虑在发病10～30天使用。

（5）对症治疗。当出现心源性休克、心力衰竭、缓慢性心律失常和快速心律失常时进行相应对症治疗。

五、护理小贴士

（1）病毒性心肌炎的饮食。多食蔬菜、水果，以促进心肌代谢与修复。多食含维生素C的水果：橘子、番茄等；忌高盐饮食，心力衰竭患者食盐量应低于正常者一半；饮食宜高蛋白、高热量、高维生素；忌暴饮暴食，忌食辛辣、熏烤、煎炸等食物；应戒烟戒酒。

（2）病毒心肌炎的运动。一般的心肌炎患者需卧床休息至体温下降后3~4周,有心力衰竭或心脏扩大者应休息0.5~1年,或至心脏大小恢复正常,血沉正常之后;病毒性心肌炎恢复期时,心功能正常,无明显的心律失常者,可参加适当的体育锻炼,如散步、气功等,以不感到疲劳及不适为度。

（3）活动时要监测自己的心率、心律变化,如活动时出现胸闷、心悸、呼吸困难等应立即停止,以此作为限制最大活动量的指征。

（4）疾病恢复后6个月及1年内避免剧烈运动或重体力劳动、妊娠等。

（5）学会自测脉搏、节律,发现异常或有胸闷、心悸等不适应及时就诊。

（6）不要熬夜,不要长时间工作学习。

4

急性肾炎

一、疾病简介

急进性肾炎是急进性肾小球肾炎的简称,是以少尿、血尿、蛋白尿、水肿和高血压等急性肾炎综合征为表现,肾功能急剧恶化,短期内出现急性肾衰竭的临床综合征。

二、常见病因

本病常因 β 溶血性链球菌"致肾炎菌株"(常见为 A 组 12 型等)感染所致,常见于上呼吸道感染、猩红热、皮肤感染等链球菌感染后。感染的严重程度与急性肾炎的发生和病变轻重并不完全一致。本病主要是由感染所诱发的免疫反应引起。

三、常见症状

本病起病较急,发病前常有上呼吸道感染史。表现为尿量减少、血尿、蛋白尿、水肿和高血压。随病情进展可迅速出现少尿或无尿,肾功能损害进展急速,多在数周至半年内发展为尿毒症,常伴有中度的贫血。

1. 尿液改变

患者尿量显著减少,尿量降至 400～700 ml/d,随病情进展可迅速出现少尿或无尿,尿量少于 400 ml/d,甚至少于 100 ml/d。

2. 水肿

常为首发症状,患者发病时即出现水肿,水肿部位常在面部及双下肢为主;25%～30%的患者出现高度水肿,表现为肾病综合征,水肿出现后常持续存在,不易消退。

3. 高血压

部分患者可出现高血压,且血压持续升高,短期内即可出现心和脑的并发症。

4. 肾功能损害

进行性肾功能损害是本病的特点,尿浓缩功能障碍,血清肌酐、尿素氮持续增高,最后出现尿毒症综合征。

四、预防与治疗

1. 预防

(1) 部分患者的发病与上呼吸道感染、吸烟或接触某些有机化学溶剂、碳氢化合物有关,故应注意保暖,避免受凉、感冒、戒烟,减少接触有机化学溶剂和碳氢化合物的机会。

(2) 避免加重肾损害的因素。低血容量(休克)、脱水(呕吐或腹泻、高热)、劳累、水电解质和酸碱平衡失调、妊娠及可能导致肾损害的药物(如解热镇痛药、造影剂、含马兜铃酸的中药、某些抗生素等),均可能加重肾脏病变,应尽量避免或在医生指导下使用。

2. 治疗

(1)休息,发病后应卧床休息,以增加肾血流量和尿量,缓解水钠潴留,减缓水肿。

(2)饮食,患者应遵循低盐优质低蛋白饮食的原则。少盐饮食每天以 2～3 g 为宜。液体摄入量应根据水肿的程度以及尿量来定,若尿量每天在 1 000 ml 以上,一般不需严格限制饮水,但也不可过多饮水。若每天尿量少于 500 ml 或有严重的水肿者应严格限制饮水,严重者每天液体摄入量应不超过前一天 24 小时尿量加上其他方面失水量(约 500 ml),液体的摄入量包括饮食、饮水、服药、输液等各种途径或形式进入体内的水分。补充蛋白应是富含必需氨基酸的动物蛋白,如牛奶、鱼肉、鸡蛋等,部分患者有氮质血症或肾小球滤过率(GFR)小于 50 ml/min 时应限制蛋白摄入量。

(3)严格遵医嘱用药,密切观察药物的疗效和不良反应。糖皮质激素可导致水钠潴留、血压升高、血糖升高、精神兴奋、消化道出血、骨质疏松、继发感染、伤口不愈合等。患者在服用糖皮质激素后应特别注意有无发生水钠潴留、血压升高和继发感染,因为这些不良反应可以加重肾脏损害,导致病情恶化。此外,大量激素冲击疗法可抑制身体的防御能力,因此应对患者加强保护,避免继发感染。长期服用利尿剂应注意观察有无恶心、乏力、腹胀、恶心、呕吐、嗜睡、意识淡漠、手足抽搐、肌痉挛、烦躁等表现。

五、护理小贴士

(1)预防和控制感染,本病起病与上呼吸道和皮肤感染有关,且患病后免疫力下降,容易发生感染。因此应重视预防感染,避免受凉、感冒,注意个人卫生。

(2)饮食应避免进食腌制食品、罐头、啤酒、汽水、味精、面包、豆腐干等含钠丰富的食物,可使用无钠盐、醋和柠檬等增进食欲。

(3)本病治疗应严格遵循医生的诊疗计划,不可擅自更改用药和停止治疗。如果出现不适及药物不良反应应及时就诊。病情好转后仍需要较长时间的随访治疗,以防止病情复发及恶化。

5

风湿性关节炎

一、疾病简介

类风湿关节炎（rheumatoid arthritis，RA）是一种病因未明的、慢性、以炎性滑膜炎为主的系统性疾病。其特征是手和足小关节的多关节、对称性、侵袭性关节炎症，经常伴有关节外器官受累及血清类风湿因子阳性，可以导致关节畸形及功能丧失。通常所说的风湿性关节炎是风湿热的主要表现之一，临床以关节和肌肉游走性酸楚、红肿、疼痛为特征，是一种常见的急性或慢性结缔组织炎症。与 A 组乙型溶血性链球菌感染有关，寒冷、潮湿等因素可诱发本病。其中下肢大关节如膝关节、踝关节最常受累。

二、常见病因

类风湿性关节炎的发病可能与遗传、感染、性激素等有关。RA关节炎的病理主要有滑膜衬里细胞增生、间质大量炎性细胞浸润，以及微血管的新生、血管翳的形成及软骨和骨组织的破坏等。春季由于天气、气压改变导致关节液循环不好，关节周围血流出现阻滞，容易使风湿性关节炎患者的症状加重。淋雨、吹风导致关节受寒，也可引发症状加重。

三、常见症状

（1）风湿性关节炎发生前的 2～3 周常有咽喉炎或扁桃体炎的病史，表现为发热、咽痛、咳嗽、下颌下淋巴结肿大。

（2）关节疼痛是风湿性关节炎首要症状，可先后累及膝、踝、肘、腕等多个大关节，典型的表现为对称性、游走性疼痛，并伴有红、肿、热的炎症表现。通常急性炎症症状持续 2～4 周消退，一个关节症状消退，另一个关节的症状又可出现，也有几个关节同时发病的。并且关节症状受气候变化影响较大，常在天气转冷或下雨前出现关节痛。急性期过后不遗留关节变形或活动障碍，但会反复发作。

（3）风湿性关节炎可同时伴有风湿热的其他表现，如舞蹈病、皮下结节以及环形红斑等。由于风湿热活动期以累及关节和心脏为主，因此风湿性关节炎患者常伴并发心肌炎、心内膜炎、心包炎等。表现为心悸、气促、心前区疼痛等。

四、预防与治疗

1. 预防

为了更好地预防风湿性关节炎复发，应该注意以下几个方面。

（1）劳逸结合。有些类风湿关节炎患者的病情虽然基本控制,处于疾病恢复期,往往由于劳累而重新加重或复发,所以要劳逸结合,活动与休息要适度。

(2) 经常参加体育锻炼。能坚持体育锻炼的人,身体就强壮,抗病能力强,很少患病,抗御风寒湿邪侵袭的能力比一般未经常体育锻炼者强得多。可做保健体操、做广播体操、打太极拳等。

(3) 要防止受寒、淋雨和受潮。关节处要注意保暖,不穿湿衣、湿鞋、湿袜等。

(4) 注意关节处的防风及保暖。此外,睡觉前要用热水泡脚,最好是加有中药的热水,避免风寒湿邪侵袭,还可以使用暖宝宝增加身体的热量,注意劳逸结合。

(5) 合理饮食。春季饮食以平补为原则,重在养肝补脾。以性味甘温食物为主,首选谷类,如糯米、黑米、高粱、燕麦;蔬果类,如刀豆、南瓜、扁豆、红枣、桂圆、核桃、栗子;鱼肉类,如牛肉、猪肚、鲫鱼、鲈鱼、草鱼等。又因酸味入肝,为肝的本味,春季肝气旺,若再过食酸味,则造成肝气过旺,而伤及脾脏。

(6) 保证睡眠。睡眠是对肝脏最好的保护,合理充足的睡眠,能使肝脏得以休养,肝血充足,自然不容易因风邪而受病。因此,类风湿关节炎患者应避免熬夜,保证睡眠时间。

2. 治疗

（1）一般治疗。关节肿痛明显者应强调休息及关节制动，而在关节肿痛缓解后应注意早期开始关节的功能锻炼。此外，理疗、外用药等辅助治疗可快速缓解关节症状。

（2）药物治疗。方案应个体化，药物治疗主要包括非类固醇抗炎药、慢作用抗风湿药、免疫抑制剂、免疫和生物制剂及植物药等。

（3）免疫净化。类风湿关节炎患者血中常有高滴度自身抗体、大量循环免疫复合物、高免疫球蛋白等，因此，除药物治疗外，可选用免疫净化疗法，可快速去除血浆中的免疫复合物和过高的免疫球蛋白、自身抗体等。如免疫活性淋巴细胞过多，还可采用单个核细胞清除疗法，从而改善 T 细胞、B 细胞及巨噬细胞和自然杀伤细胞功能，降低血液黏滞度，以达到改善症状的目的，同时提高药物治疗的疗效。

（4）功能锻炼。必须强调，功能锻炼是类风湿关节炎患者关节功能得以恢复及维持的重要方法。一般说来，在关节肿痛明显的急性期，应适当限制关节活动。但是一旦肿痛改善，应在不增加患者痛苦的前提下进行功能活动。对无明显关节肿痛，但伴有可逆性关节活动受限者，应鼓励其进行正规的功能锻炼。在有条件的医院，应在风湿病专科及康复专科医师的指导下进行。

（5）外科治疗。经内科治疗不能控制及严重关节功能障碍的类风湿关节炎患者，外科手术是有效的治疗手段。外科治疗的范围从腕管综合征的松解术、肌腱撕裂后修补术至滑膜切除及关节置换术。

五、护理小贴士

（1）改善居住条件，避免脏乱、潮湿、寒冷。

（2）均衡饮食，避免营养不良。

（3）开展体育锻炼，增强体质。

（4）预防感冒，避免链球菌感染；出现咽炎、扁桃体炎时及时就诊。

（5）勤洗手，使用肥皂等清洁剂。

（6）食物要彻底烹饪至熟，剩饭剩菜要充分加热，用手处理食物时使用干净的一次性手套。

6

高血压

一、疾病简介

高血压是以体循环动脉血压升高为主要表现的临床综合征，是最常见的心血管疾病。收缩压≥140 mmHg（18.7 kPa），舒张压≥90 mmHg（12.0 kPa），可伴有心、脑、肾等器官的功能或器质性损害的临床综合征。高血压是最常见的慢性病，也是心脑血管病最主要的危险因素。

二、常见病因

（1）遗传因素。大约60%的半数高血压患者有家族史。目前认为是多基因遗传所致，30%～50%的高血压患者有遗传背景。

（2）精神和环境因素。长期的精神紧张、激动、焦虑，受噪声或不良视觉刺激等因素也会引起高血压的发生。

（3）年龄因素。发病率有随着年龄增长而增高的趋势，40岁以上者发病率高。

（4）生活习惯因素。膳食结构不合理，如过多的钠盐、低钾饮食、大量饮酒、摄入过多的饱和脂肪酸均可使血压升高。吸烟可加速动脉粥样硬化的过程，为高血压的危险因素。

（5）药物的影响。避孕药、激素、消炎止痛药等均可影响血压。

（6）其他疾病的影响。肥胖、糖尿病、睡眠呼吸暂停低通气综合征、甲状腺疾病、肾动脉狭窄、肾脏实质损害、肾上腺占位性病变、嗜铬细胞瘤、其他神经内分泌肿瘤等。

三、常见症状

（1）高血压的症状因人而异。早期可能无症状或症状不明显，常见的是头晕、头痛、颈项板紧、疲劳、心悸等。仅仅会在劳累、精神紧张、情绪波动后发生血压升高，并在休息后恢复正常。随着病程延长，血压明显的持续升高，逐渐会出现各种症状。此时被称为缓进型高血压病。缓进型高血压病常见的临床症状有头痛、头晕、注意力不集中、记忆力减退、肢体麻木、夜尿增多、心悸、胸闷、乏力等。高血压的症状与血压水平有一定关联，多数症状在紧张或劳累后可加重，清晨活动后血压可迅速升高，出现清晨高血压，导致心脑血管事件多发生在清晨。

（2）当血压突然升高到一定程度时，甚至会出现剧烈头痛、呕吐、心悸、眩晕等症状，严重时会发生神志不清、抽搐，这就属于急进型高血压和高血压危重症，多会在短期内发生严重的心、脑、肾等器官的损害和病变，如中风、心肌梗死、肾衰竭等。症状与血压升高的水平并无一致的关系。

（3）继发性高血压的临床表现主要是有关原发病的症状和体征,高血压仅是其症状之一。继发性高血压患者的血压升高可具有其自身特点,如主动脉缩窄所致的高血压可仅限于上肢;嗜铬细胞瘤引起的血压增高呈阵发性。

四、预防与治疗

1. 预防

（1）高血压是一种可防可控的疾病,对血压130～139/85～89 mmHg正常高值阶段、超重/肥胖、长期高盐饮食、过量饮酒者应进行重点干预,定期健康体检,积极控制危险因素。

（2）针对高血压患者,应定期随访和测量血压,尤其注意清晨血压的管理,积极治疗高血压(药物治疗与生活方式干预并举),减缓靶器官损害,预防心脑肾并发症的发生,降低致残率及病死率。

2. 治疗

（1）改善生活行为。①减轻并控制体重。②减少钠盐摄入。③补充钙和钾盐。④减少脂肪摄入。⑤增加运动。⑥戒烟、限制饮酒。⑦减轻精神压力,保持心理平衡。

（2）血压控制标准个体化。由于病因不同,高血压发病机制不尽相同,临床用药分别对待,

选择最合适药物和剂量，以获得最佳疗效。

（3）多重心血管危险因素协同控制。降压治疗后尽管血压控制在正常范围，血压升高以外的多种危险因素依然对预后产生重要影响。

（4）降压药物治疗。对检出的高血压患者，应使用推荐的起始与维持治疗的降压药物，特别是每日给药1次能控制24小时并达标的药物，具体应遵循4项原则，即小剂量开始、优先选择长效制剂、联合用药及个体化。

五、护理小贴士。

（1）控制饮食，定时定量进食，宜少量多餐，每天4～5餐为宜，不过饥过饱，不暴饮暴食，不挑食偏食，清淡饮食。控制热能的摄入：多糖类饮食如淀粉、玉米、小麦、燕麦等植物纤维多的食物。限制脂肪的摄入。烹调时，选用植物油，可多吃海鱼，少食胆固醇含量高食物，如动物内脏和蛋黄等。适量摄入蛋白质，如酸牛奶，鱼类，豆类。多吃含钾、钙、镁丰富而含钠低的食品：土豆、茄子、海带、冬瓜、豆类及豆制品等，油菜、芹菜、蘑菇、木耳、虾皮、紫菜等食物含钙量较高。限制盐的摄入量：每日应逐渐减至6g以下，即普通啤酒瓶盖去掉胶垫后，抹平盖的食盐约为6g。这量指的是食盐量包括烹调用盐及其他食物中所含钠折合成食盐的总量，禁用一切用盐腌制的食品。加粗纤维食物摄入预防便秘，多食芹菜、白菜、水果等。因用力排便可使收缩压上升，甚至造成血管破裂。

（2）戒烟限酒，避免刺激性饮料，如咖啡浓茶可乐等。每天最多饮酒不超过 25 g 白酒。

（3）控制体重。肥胖引起心脏负担加重，是冠心病、高血压、高血脂、糖尿病、中风等多种疾病的危险因素。体重指数（BMI）＝体重（kg）/身高^2（m）；理想 BMI：18.5～22.9（kg/m^2）。

（4）运动。目标：每周 3～5 次，每次 30 分钟；运动种类：有氧运动、伸展运动、增强肌肉的运动；有氧体力活动：运动时体内代谢有充足的氧供应，如散步、游泳、慢跑，体操等；运动过程中，5 分钟热身、20 分钟运动、5 分钟恢复；运动强度以安全最高心率＝170－年龄为宜。

（5）心理疏导。可适当培养生活兴趣，如听音乐、阅读、养花种草等，以分散注意力，减少孤独感，缓解焦虑、紧张的精神状态。

附：高血压诊断标准及分级

收缩压≥140 mmHg 舒张压 ≥90 mmHg

血压水平的定义和分类

类别	收缩压 （mmHg）	舒张压 （mmHg）
理想血压	<120	<80
正常高值	120～139	80～89
高血压	≥140	≥90
轻度高血压	140～159	90～99
中度高血压	160～179	100～109
重度高血压	≥180	≥110
单纯收缩期高血压	≥140	<90

7

脑出血

一、疾病简介

脑出血是指非外伤性脑实质内血管破裂引起的出血,占全部脑卒中的 20%～30%,急性期病死率为 30%～40%。发生的原因主要与脑血管的病变有关,即与高血脂、糖尿病、高血压、血管的老化、吸烟等密切相关。脑出血的患者往往由于情绪激动、费劲用力时突然发病,早期病死率很高,幸存者中多数留有不同程度的运动障碍、认知障碍、言语吞咽障碍等后遗症。

二、常见病因

常见病因是高血压合并小动脉粥样硬化,微动脉瘤或者微血管瘤,其他包括脑血管畸形、脑膜动静脉畸形、淀粉样脑血管病、囊性血管瘤、颅内静脉血栓形成、特异性动脉炎、真菌性动脉炎,烟雾病和动脉解剖变异、血管炎、脑卒中等。

此外,血液因素有抗凝、抗血小板或溶栓治疗、嗜血杆菌感染、白血病、血栓性血小板减少症以及颅内肿瘤、酒精中毒及交感神经兴奋药物等。

用力过猛、气候变化、不良嗜好(吸烟、酗酒、食盐过多,体重过重)、血压波动、情绪激动、过度劳累等为诱发因素。

三、常见症状

高血压性脑出血常发生于 50～70 岁,通常在活动和情绪激动时发病,出血前多无预兆,半数患者出现头痛并很剧烈,常见呕吐,出血后血压明显升高,症状体征因出血部位及出血量不同而异,基底核,丘脑与内囊出血引起轻偏瘫是常见的早期症状;少数病例出现痫性发作,常为局灶性;重症者迅速转入意识模糊或昏迷。

（1）运动和语言障碍。运动障碍以偏瘫为多见;言语障碍主要表现为失语和言语含糊不清。

（2）呕吐。约一半的患者发生呕吐,可能与脑出血时颅内压增高、眩晕发作、脑膜受到血液刺激有关。

（3）意识障碍。表现为嗜睡或昏迷,程度与脑出血的部位、出血量和速度有关。在大脑较深部位的短时间内大量出血,大多会出现意识障碍。

（4）眼部症状。瞳孔不等大常发生于颅内压增高出现脑疝的患者;还可以有偏盲和眼球活动障碍。脑出血患者在急性期常常两眼凝视大脑的出血侧(凝视麻痹)。

（5）头痛头晕。头痛是脑出血的首发症状,常常位于出血一侧的头部;有颅内压力增高时,疼痛可以发展到整个头部。头晕常与头痛伴发,特别是在小脑和脑干出血时。

四、预防与治疗

1. 预防

（1）生活方面。急性期应遵医嘱绝对卧床休息。翻身时注意保护头部，动作轻稳，以免加重出血。床头抬高15°～30°，以减少脑部血流量，减轻脑水肿，如果患者是昏迷的，应保持平卧体位，头偏向一侧，取下活动假牙以防误吸，保持呼吸道通畅。如有瘫痪肢体要保持肢体功能位。保持环境安静，减少一切不良刺激。

（2）预防诱发因素及临床表现观察方面。该疾病50岁以上的高血压患者多见。多在情绪激动、兴奋、排便用力时发作，起病前多无预感，仅少数发病前有头痛、头昏、动作不便、口齿不清等症状。发病突然，一般在数分钟至数小时达高峰。多表现为头晕、头痛、恶心、呕吐、偏瘫失语、意识障碍、二便失禁。因此，应积极控制高血压，坚持服药、劳逸结合、戒烟忌酒等。

（3）饮食方面。昏迷、吞咽困难者应予鼻饲流食，防止误吸引起肺部感染。对尚能进食者喂食不宜过多过急，同时给予一些鼓励性语言，遇呕吐、呛咳时暂停进食，抬高床头。能进食者吃些易消化吸收的流食或半流食。病情平稳后可吃些普通饮食，但一定要限制盐的入量，每日食盐摄入量应在2～5 g，多食含纤

维多的食物如芹菜、韭菜等,可促进肠蠕动,防止大便干燥,每天保证充足的水量。

（4）心理方面。患者因突然瘫痪、卧床不起、失语、构音困难而不能表达感情,早期会出现焦虑、易伤感、易激惹；后期常出现抑郁、悲观、退缩等。安心静养和保持乐观开朗性情绪,树立战胜疾病的信心,密切配合治疗。

（5）康复知识方面。病情平稳后即可抓紧早期锻炼,康复训练开展得越早,功能恢复的可能性就越大,预后也就越好。先做被动运动,待瘫痪肢体肌力恢复后可进行主动运动。进入恢复期后可在医护人员配合下进行生活自理能力、语言、思维训练,不能急于求成,要有步骤、循序渐进地进行各功能锻炼,以达到最佳康复效果。

2. 治疗

患者一旦发病应及时就医,保持卧床休息、脱水降颅压、调整血压、防止继续出血、加强护理维持生命功能。

（1）一般应卧床休息 2～4 周,保持安静,避免情绪激动和血压升高。严密观察体温、脉搏、呼吸和血压等生命体征,注意瞳孔变化和意识改变。

（2）保持呼吸道通畅,清理呼吸道分泌物或吸入物。必要时及时行气管插管或切开术；有意识障碍、消化道出血者禁食 24～48 小时,必要时应排空胃内容物。

（3）水、电解质平衡和营养,每日液体摄入量可按照：尿量＋500 ml 计算,如有高热、多汗、呕吐,应注意补充水分。
注意防止水电解质紊
乱,以免加重脑水肿。

每日补钠、补钾、糖类、补充热量,必要时给脂肪乳剂注射液(脂肪乳)、人血白蛋白、氨基酸或能量合剂等。

(4)调整血糖,血糖过高或过低者,应及时纠正,维持血糖水平在 6～9 mmol/L 之间。

(5)明显头痛、过度烦躁不安者,可酌情适当给予镇静止痛剂;便秘者可选用缓泻剂。

(6)降低颅内压,脑出血后脑水肿约在 48 小时达到高峰,维持 3～5 天后逐渐消退,可持续 2～3 周或更长。脑水肿可使颅内压增高,并致脑疝形成,是影响脑出血病死率及功能恢复的主要因素。积极控制脑水肿、降低颅内压是脑出血急性期治疗的重要环节。

(7)一般来说,病情危重致颅内压过高出现脑疝,内科保守治疗效果不佳时,应及时进行外科手术治疗。

(8)康复治疗,脑出血后,只要患者的生命体征平稳、病情不再进展,宜尽早进行康复治疗。早期分阶段综合康复治疗对恢复患者的神经功能,提高生活质量有益。

五、护理小贴士

(1)避免诱因。保持情绪稳定和心态平衡,避免过分喜悦、愤怒、焦虑、恐惧、悲伤等不良心理和惊吓等刺激;建立健康的生活方式,保证充足的睡眠,适当运动,避免体力或脑力的过度劳累,养成定时排便的习惯,保持大便通畅,避免用力排便,戒烟酒。

（2）控制高血压。遵医嘱正确服用降压药,维持血压稳定,减少血压波动对血管的损害。

夏篇

清新、健康的笑
犹如夏天的一阵大雨
荡涤了人们心灵上的污泥
灰尘及所有的污垢
显现出善良与光明
——高尔基

||| 8 |||

中暑

一、疾病简介

在高温和(或)高湿环境下,由于体温调节中枢功能障碍、汗腺功能衰竭和水电解质丢失过多而引起的以中枢神经和(或)心血管功能障碍为主要表现的急性疾病。根据临床表现,中暑可分为先兆中暑、轻症中暑、重症中暑。其中重症中暑又分为热痉挛、热衰竭和热射病。热射病是最严重的中暑类型。

二、常见病因

(1)产热增加。在炎热高温季节或高温、高湿通风不良环境下劳动,防暑降温措施不足等。

(2)机体散热减少。环境温度、相对湿度高,通风不良,汗腺功能障碍等。

(3)机体热适应能力下降。年老体弱、产褥期女性及患有心脑血管疾病等基础病的患者热适应能力相对较弱,同等环境下更易发病。

三、常见症状

1. 先兆中暑

在高温环境下,患者常出现头痛、头晕、口渴、多汗、四肢无力发酸、注意力不集中、动作不协调等,体温正常或略有升高。在离开高温作业环境进入阴凉通风的环境时,短时间内即可恢复。

2. 轻症中暑

除上述症状外,体温往往在 38℃ 以上,伴有面色潮红、大量出汗、皮肤灼热,或出现皮肤湿冷、面色苍白、呕吐、血压下降、脉搏增快等表现,通常休息后体温在 4 小时内恢复正常。

3. 重症中暑

轻度中暑进一步加重,出现皮肤苍白,出冷汗,肢体软弱无力,脉细速,体温正常或变化较小,意识模糊或昏厥。剧烈头痛、头晕、耳鸣、呕吐、面色潮红、头温 40℃ 以上,体温一般正常,严重者昏迷。继续发展为高热,体温高达 40℃ 以上,伴有昏厥、皮肤干燥灼热、头痛、恶心、全身乏力、脉快、神志模糊、严重时引起多脏器损害而死亡。重症中暑包括热痉挛、热衰竭和热射病。

(1)热痉挛是突然发生的活动中或者活动后痛性肌肉痉挛,通常发生在下肢背面的肌肉群(腓肠肌和跟腱),也可以发生在腹部。肌肉痉挛可能与体内的钠严重缺失和过度通气有关。热痉挛也可为热射病的早期表现。

(2)热衰竭是由于大量出汗导致体液和体盐

丢失过多,常发生在炎热环境中工作或者运动而没有补充足够水分的人中,也发生于不适应高温潮湿环境的人中,其征象为:大汗、极度口渴、乏力、头痛、恶心呕吐,体温高,可有明显脱水征如心动过速、直立性低血压或晕厥,无明显中枢神经系统损伤表现。热衰竭可以是热痉挛和热射病的中介过程,治疗不及时,可发展为热射病。

（3）热射病是一种致命性急症,根据发病时患者所处的状态和发病机制,临床上分为两种类型:劳力性和非劳力性热射病。劳力性者主要是在高温环境下内源性产热过多,多见于健康年轻人,常见重体力劳动、体育运动（如炎热天气中长距离的跑步者）或军训时发病。高热、抽搐、昏迷、多汗或无汗、心率快,它可以迅速发生。其非劳力性主要是在高温环境下体温调节功能障碍引起散热减少（如在热浪袭击期间生活环境中没有空调的老年人）,它可以在数天之内发生。其征象为:高热（直肠温度≥41℃）、皮肤干燥（早期可以湿润）,意识模糊、惊厥、甚至无反应,周围循环衰竭或休克。此外,劳力性者更易发生横纹肌溶解、急性肾衰竭、肝衰竭、DIC 或多器官功能衰竭,病死率较高。

四、预防与治疗

1. 预防

（1）充足睡眠养足精神。夏天中午,烈日当头,酷暑炎炎,人们容易疲劳犯困。不仅晚上要睡好休息好,而且适当的午睡不仅可以避开高温还可以养足精神,使大脑和身体各系统都得到放松,既利于工作和学习,也是预防中暑的好措施。

(2)适当饮水补充水分。高温酷暑的夏天,不论运动量大小都要及时补充水分;千万不要等口渴时才饮水,因为口渴表示身体已经缺水了。

(3)补充盐分和矿物质。对于暴露在烈日下的工作人员,由于汗液的大量排出,可以通过饮用盐开水或含有补充含有钾、镁等微量元素的运动型饮料补充盐分和矿物质。

(4)健康饮食增强营养。夏天为预防中暑,也应注意饮食,多吃清淡的食物,少吃高油、高脂食物,减少人体热量摄入。夏季的营养膳食应是高热量、高蛋白、高维生素维生素 A、维生素 B_1、维生素 B_2 和维生素 C 的食物。可多吃番茄汤、绿豆汤、豆浆、酸梅汤等。

(5)合适穿着。夏天穿着的衣服应该选择质地轻薄、宽松和浅色(如白色、灰色等)的衣物,并戴上宽檐帽和墨镜或打遮阳伞,有条件的可以涂抹防晒值 SPF 15 及以上的防晒霜。

2. 治疗

(1)转移。迅速将患者转移到通风、阴凉、干爽的地方,使其平卧并解开衣扣,松开或脱去衣服,如衣服被汗水湿透应更换衣服。

（2）降温。患者头部可捂上冷毛巾，可用50％酒精、白酒、冰水或冷水进行全身擦浴，然后用扇或电扇吹风，加速散热。有条件的也可以用降温毯给予降温。但不要快速降低患者体温，当体温降至38℃以下时，要停止一切冷敷等强降温措施。

（3）补水。患者仍有意识时，可给一些清凉饮料，在补充水分时，可加入少量盐或小苏打水。但千万不可急于补充大量水分，否则，会引起呕吐、腹痛、恶心等症状。

（4）促醒。患者若已失去知觉，可指掐人中、合谷等穴，使其苏醒。若呼吸停止，应立即实施人工呼吸。

（5）转送。对于重症中暑患者，必须立即送医诊治。搬运患者时，应用担架运送，不可使患者步行，同时运送途中要注意，尽可能地用冰袋敷于患者额头、枕后、胸口、肘窝及大腿根部，积极进行物理降温，以保护大脑、心脏等重要脏器。

五、护理小贴士

1. 户外活动携带防暑药品

据统计，夏季 10:00～16:00 在烈日下行走，中暑的可能性是平时的 10 倍。因此，夏天出行应尽量避开中午前后时段，户外活动应尽量选择在阴凉处进行并携带防暑药物，如人丹、清凉油等。若出现中暑症状就可及时服用防暑药品缓解病情。

2. 室内避暑适度降温

高温酷暑，要尽可能待在家中避免外出，在家中要通过空调、电扇来降温。如果气温达到35℃以上，电扇已无助于调节人体的热平衡，则可通过洗冷水澡或开空调等通过物理方式来进行人体降温。

3. 特殊人群防暑降温

夏天高温季节，老年人、孕妇、有慢性疾病的人，特别是有心血管疾病的高危人群，不仅要尽可能地减少外出而且要给予特别关注，在室内必须控制合适的室温，服用防暑饮品，及时观察是否出现中暑征兆。

4. 夏季食品八最佳

最佳调味品——醋　　　　最佳水果——西瓜

最佳蔬菜——苦味菜　　　最佳饮品——热茶

最佳粥——绿豆粥　　　　最佳肉食——鸭肉

最佳防晒食物——西红柿

最佳抗疲劳食物——果蔬汁

9

急性胃肠炎

一、疾病简介

急性胃肠炎是胃肠道黏膜的急性炎症，主要由感染因素和理化因素刺激（感染因素包括细菌和病毒的感染，理化因素主要是指受冷饮、酒精以及辛辣食物的刺激等）造成的，是一种常见的消化道疾病。该疾病起病急，好转快，有自愈倾向，是一种自限性的疾病。

二、常见病因

（1）细菌和毒素的感染。常以沙门氏菌属和嗜盐菌（副溶血弧菌）感染最常见，毒素以金黄色葡萄球菌常见，病毒亦可见到。常有集体发病或家庭多发的情况。如吃了被污染的家禽、家畜的肉；或吃了嗜盐菌生长的鱼、蟹、螺等海产品及金黄色葡萄球菌污染的剩菜、剩饭等而诱发本病。

（2）物理化学因素。进食生冷食物或某些药物，如水杨酸盐类、磺胺、某些抗生素等；或误服强酸、强碱及农药等均可引起本病。

三、常见症状

临床表现包括：腹痛、腹泻、恶心、呕吐等。

（1）轻型腹泻，一般状况良好，每天大便在 10

次以下,为黄色或黄绿色,少量黏液或白色皂块,粪质不多,有时大便呈"蛋花汤样"。

（2）较重的腹泻,每天大便数次至数十次。大量水样便,少量黏液,恶心呕吐,食欲缺乏,有时呕吐出咖啡样物。可有腹胀,有全身症状:如不规则低热或高热,烦躁不安进而精神不振,意识朦胧,甚至昏迷。

四、预防与治疗

1. 预防

（1）饮食有规律。饮食上一定要规律,很多人在饮食上经常会进行胡吃海喝的模式,只要看到自己合口味的,就不管自己的肠胃能否承受,一直大量的吃,这样会导致胃液一直在分泌,让胃承受了很大的负担。奶制品会加剧腹泻,牛奶等应少食。生冷、含咖啡因饮料也应该避免,以免加重刺激。忌油腻饮食避免油腻和柑橘类食物,因为可能会加重病情。

（2）保持精神愉快。胃肠道健康与精神因素也有很大关系。过度的精神刺激,如悲伤、忧郁等都会引起大脑皮质的功能失调,促进迷走神经功能紊乱,导致胃壁血管痉挛性收缩,进而诱发胃肠道疾病。

（3）流质饮食。如稀饭或粥,应大量喝水,以避免腹泻造成脱水。腹泻或过度频繁的呕吐,会减少身体组织的水分和电解质。因此,增加液体摄入量是必须的,液体中含有大量的糖和电解质(钾,钠),还可以帮助减少腹泻。但呕吐后,不要立即喝水或饮料,等待至少半个小时,再少量多次摄入液体。

(4) 限制饮食。在疾病初期或病情不严重时,通过简化饮食也可以控制胃肠炎进一步发展。此时胃肠道的吸收和蠕动多处于不正常状态,过多摄入食物,会加重消化器官负担,加重疾病。因此要适当限制饮食,不建议在患病期间吃大餐,因为胃还不能够适当的消化固体食物。在急性肠胃炎症状消失后,才可以在饮食中加入固体食物。经过 10~15 天后,患者可以吃煮熟的蔬菜,水果和少量低脂肪饮食。

2. 治疗

1) 一般治疗

尽量卧床休息,病情轻者口服葡萄糖—电解质液以补充体液的丢失。如果持续呕吐或明显脱水,则需静脉补充 5%～10% 葡萄糖氯化钠溶液及其他相关电解质。鼓励摄入清淡流质或半流质食品,以防止脱水或治疗轻微的脱水。伴有腹痛现象,注意腹部保暖:腹痛是急性肠胃炎的一种症状,多数是伴着腹泻产生。如果腹痛严重,一定要注意腹部的保暖。如不缓解可遵医嘱用药。

2) 对症治疗

必要时可注射止吐药、解痉药。如颠茄,1 天

3次。止泻药：如十六角蒙脱石，1天2～3次。注意及时补水，防止脱水和电解质紊乱：呕吐、腹泻是急性肠胃炎的主要症状，呕吐、腹泻次数过多会使我们丧失大量的水分和一些电解质，一定要及时补充水分。

3）抗菌治疗

抗生素对本病的治疗作用是有争议的。对于感染性腹泻，可适当选用有针对性的抗生素。但应防止滥用。

五、护理小贴士

急性胃肠炎预防是关键，注意饮食、饮水卫生是预防该疾病的根本措施。

（1）冰箱内的食物生熟分开。

（2）饭前便后洗手。

（3）蔬菜瓜果清洗干净。

（4）避免暴饮暴食，忌食生冷、未加工的食物。

10

毛囊炎

一、疾病简介

毛囊炎指葡萄球菌侵入毛囊部位所发生的化脓性炎症,初起为红色丘疹,逐渐演变成丘疹性脓疱,孤立散在,自觉轻度疼痛,主要发生于多毛的部位以及容易出现潮湿的部位。如腹股沟腋窝或者是长期久坐的人臀部也容易出现。

二、常见病因

病原菌主要是葡萄球菌,有时也可分离出表皮葡萄球菌。不清洁、搔抓及机体抵抗力低下可为本病的诱因。

三、常见症状

初起为与毛囊口一致的红色充实性丘疹或由毛囊性脓疱疮开始,以后迅速发展演变成丘疹性脓疱,中间贯穿毛发,四周红晕有炎症,继而干燥结痂,约经 1 周痂脱而愈,但也有反复发作,多年不愈,有的也可发展为深在的感染,形成疖、痈等,一般不留瘢痕。皮疹数目较多,孤立散在,自觉轻度疼痛。好发部位常见于多毛的部位,以及额头、面颊、颈后部、后背和胸前区。

四、预防与治疗

1. 预防

(1)正确饮食。对于毛囊炎患者来说,在吃东西方面一定要注意,养成良好的饮食习惯,这样可以很好地避免毛囊炎病情更加严重。毛囊炎患者应该在饮食方面注意少吃,最好是不吃刺激性比较强的东西,如辣椒、海鲜等,是毛囊炎患者禁忌的食物。此外,注意戒烟酒。患者应多吃一些清淡而且含维生素多的食物,多吃水果蔬菜有利于排除体内的毒素排除,有助于对毛囊炎治疗和预防。

(2)避免暴晒。长时间在阳光下暴晒会使毛囊炎病情更加严重,阳光使皮肤干燥而且会流汗,止汗不当会再次感染,导致毛囊炎复发或病情更加严重。而且肌肤黑色素的累积,对皮肤不好。因此,毛囊炎的患者在夏天尽量避免暴晒。

(3)慎用化妆品。毛囊炎患者在患病期间对化妆品的使用与选择一定要严格,最好不要用。化妆品或软膏的使用不当,其中的化学物质会严重刺激皮肤,此外,将含有大量油脂的药物性软膏涂抹于脸部,容易将毛孔阻塞,最后导致毛囊炎病情更加严重,这也是女性毛囊炎病情更加严重的原因之一。

(4)生活习惯。在生活中有很多不良的习惯促使了毛囊炎形成，不要熬夜，合理安排作息时间，保持睡眠的充足，使大脑得到有效的休息，缓解大脑的压力。建议毛囊炎患者尽量保持心情愉快，避免焦虑、烦躁的心态。

2. 治疗

（1）正确清洗患处。清洗患了毛囊炎的部位可以使皮肤保持清洁，有效地去除毛囊内的细菌，所以正确的洗脸和洗澡很重要，要注意水温，不要过热或过凉清除面部的油脂，这

样可以收缩毛孔，使毛囊内的细菌得到有效的清除。

（2）注意皮肤的清洁卫生，避免搔抓等刺激。特别是头部，由于毛发多、皮脂腺和汗腺较丰富，排泄物也多，所以更应该保持清洁卫生。

（3）可酌情选用抗生素，局部可用1％新霉素软膏、莫匹罗星软膏、夫西地酸软膏或2％碘酊外涂，也可试用紫外线照射。对反复发作的患者可试用自家菌苗或多价葡萄球菌菌苗。

五、护理小贴士

（1）保持卫生。毛囊炎的最根本原因就是毛囊炎不清洁，造成病菌侵入毛囊，所以预防工作的首要问题就是做好个人的卫生工作。平时要做到勤洗澡、换洗衣物，衣服要经常清洗晾晒，以免病菌滋生。注意经常洗头，预防头皮毛囊炎。

洗头发的时候不要用指甲抓挠头皮，要用指肚轻轻按揉，频率在每周3次左右即可，过于频繁也会对毛囊造成伤害。

（2）注意饮食。有的人吃了辣椒之类的食物就会在额头或者脸上出现一些痘痘，这就是因为油脂分泌过剩，而毛囊又因为不清洁不能及时排除油脂，造成毛囊堵塞，就是我们看到的痘痘。所以大家还要注意平时不要吃过于辛辣刺激和过于油腻的食物，多吃一些新鲜的水果和蔬菜，保持排便通畅就能及时排除体内毒素，这样也能减少毛囊炎的发病。

（3）增强体质。生命在于运动，每天参加适当的运动可以提高身体的新陈代谢，轻微出汗也是排毒的一个方法。通过运动增强体质，提高身体的免疫力，从而预防各种疾病的侵袭。尤其是老年人身体素质差一些，可以借助健身器材进行轻度的运动。保持良好的情绪，积极的心态面对生活，精神放松的情况下也不易感染疾病。

||| 11 |||

汗疱疹

一、疾病简介

汗疱疹一般比较容易出现在手脚这种汗腺特别发达的部位,可以表现为手足部出现水泡,在以前一度被认为是由于流汗等因素导致的,因此被称为汗疱疹。不过目前已经证实汗疱疹的发生与汗腺、流汗这些因素并没有直接的关系,现多认为一种非特异性皮肤湿疹样反应。

二、常见病因

尚未完全清楚,过去认为是由于手足多汗、汗液潴留于皮内所致,现多认为一种非特异性皮肤湿疹样反应。对镍、铬等金属的系统性过敏及精神因素可能是本病的重要原因之一。

三、常见症状

汗疱疹的症状为:手、脚部位有深在性小水泡,泡壁较厚,破溃后干燥脱皮,伴有痒感,无炎症反应。汗疱疹常在夏季加重,冬季减轻。症状表现可分为 3 期。

汗疱疹的初期症状以深在性的小水泡为主,分散或成群发生在手掌和手指侧面及指间;也可见于足趾,有时见于末节指背部,往往对称分布。

并伴有瘙痒。这个时期一定不要挠抓，以免进一步加重汗疱疹的症状。

汗疱疹中期症状是在汗疱疹初期的基础上，出现脱皮和红疹，并伴有瘙痒。如果挠抓，会出现渗液或结痂。

汗疱疹后期会出现剧烈瘙痒，皮肤糜烂。汗疱疹的后期水疱会破裂，流出渗液，部分患者会出现一些癣、湿疹等并发症。严重者整个手掌呈弥漫性脱屑，或继发感染而出现手部肿胀、疼痛。

四、预防与治疗

1. 预防

汗疱疹一般在发生后数周就会自然痊愈，只有少数患者会一年四季的反复发作，甚至留下慢性湿疹或是细菌、霉菌感染的并发症。汗疱疹患者在日常生活中的注意事项。

（1）控制情绪。情绪及精神因素对汗疱疹的影响是非常大的，所以汗疱疹患者在日常生活中一定要注意保持好的情绪。

（2）做饮食日记。对镍、铬等金属过敏的患者应注意找出自己的汗疱疹和哪类金属是否相关，如果有相关要尽量避免再次暴露。

（3）避免搔抓。搔抓往往是病情恶化以及发生并发症的主因，所以应尽可能地减少搔抓是相当重要的。

（4）手脚保养。双手尽可能少接触水和清洁剂，保持通风凉爽，并且多擦乳霜。不但能减低痒感，还能避免发生慢性湿疹或霉菌感染的并发症。

2. 治疗

（1）有水疱时，如果特别痒，可以涂抹复方炉甘石洗剂，对皮炎湿疹的止痒效果很好。还可以用0.5%的醋酸铅溶液、3%的硼酸溶液或者5%的明矾溶液等湿敷，或浸泡10～15分钟。

（2）当开始有脱皮的时候迹象时，就需要涂抹皮质类固醇药膏了，就是俗称的激素软膏，不过大家不用害怕，在医生的指导下短期使用，这种小剂量的激素软膏不良反应不大。使用激素软膏之后，一般3～5天汗疱疹就能被控制住。

常用的激素软膏有地塞米松、氢化可的松软膏等，虽然相对安全，但不建议自己买来用，要在医生说需要用的时候再用。当局部反复脱皮、干燥、脱皮时，可以抹点滋润、消炎的保护性软膏，如10%的尿素霜、维生素E乳液等。因为这时皮肤的保护屏障已经受损了，自己不能保护自己，外来的细菌等很容易进入皮肤，所以就要给它涂一层保护膜。

（3）避免搔抓。如果痒得厉害，医生会开一些口服抗组胺药，如马来酸氯苯那敏片（扑尔敏）来帮患者止痒。注意不要用指甲抓挠，因搔抓会让病情变得更严重甚至出现并发症，所以即使很痒，也一定要少挠或者不挠。

（4）避开过敏原。汗疱疹患者可以做"饮食日记"，有助于找出让自己过敏的食物，可以避免再次接触。

五、护理小贴士

（1）现多认为汗疱疹是一种皮肤湿疹样反应，精神因素为激发汗疱疹的重要原因。

（2）对称发生于手掌、足趾，深在小水疱，疱壁紧张，粟粒至米粒大小，呈半球形略高出皮面，无炎症反应，干涸后脱屑。

（3）汗疱疹常常每年定期反复发作。汗疱疹与精神紧张、手足多汗、真菌感染及变态反应等因素有关。因此，汗疱疹患者应当控制好情绪的。

（4）记饮食日记，帮助自己找出相应的过敏原。如：对镍、铬等金属的系统性过敏的患者应注意找出自己的汗疱疹和哪类金属是否相关，如果有相关要尽量避免再次接触。此外，在季节交替时，要少碰水和清洁剂，多擦乳霜。

12

日光性皮炎

一、疾病简介

日光性皮炎，又称日晒伤或晒斑，是正常皮肤经暴晒后产生的一种急性炎症反应，表现为红斑、水肿、水疱和色素沉着、脱屑。本病春末夏初多见，反应强度与光线强弱、照射时间、个体肤色、体质、种族等有关，一般到秋季以后逐渐减轻。

二、常见病因

本病的作用光谱主要是中波紫外线（UVB），正常皮肤经紫外线辐射使真皮内多种细胞释放组胺、5-羟色胺、激肽等炎症介质，使真皮内血管扩张、渗透性增加。

三、常见症状

被晒部位皮肤在受到强烈日光照射数分钟到2～6小时开始出现弥漫性红斑，1～1.5天后达到高峰，3～5天后逐渐消退。皮损部位有烧灼感、痒感或刺痛。可伴有发热、恶心、呕吐、头痛、乏力等，甚至心悸。有的患者在日晒后并不发生日晒伤症状,而是皮肤色素发生变化,呈即刻性或迟发性色素沉着晒斑。即刻性色素沉着是由长波紫外线和可见光引起,日晒15~30分钟即可出现,数小时后消退;迟发性色素沉着由中波紫外线引起,常在日晒后10小时出现,4~10天后达到顶点,可持续数月。除色素沉着外,日晒伤有时还可激起红斑狼疮、白癜风、毛细血管扩张症等损容性疾病。

轻者1~2天皮疹可逐渐消退,有脱屑或遗留有不同程度的色素沉着;

重者除红斑、肿胀外,可发生水疱,破裂后形成糜烂,不久干燥、结痂、脱屑,遗留色素沉着或色素减退。

四、预防与治疗

1. 预防

(1)预防日光性皮炎关键是做好皮肤防护:保持毛孔通畅,经常进行局部按摩、敷面、吸收沉淀色素等护理

(2)补充营养,多吃维生素C含量高的蔬菜、水果等食物。如:番茄、萝卜、柠檬、木瓜均可榨成汁饮用;也可喝黄瓜粥、黑木耳红枣汤等减轻色素沉着的现象。

(3)保证充足的睡眠,适当的运动,促进血液循环及新陈代谢。

(4)避免长时间暴晒在日光下。日光敏感或特殊人群,应避免烈日曝晒,错时外出。外出时应

撑伞,戴宽边帽,穿长袖衣衫,戴墨镜。防晒剂是外用制剂,通过物理化学的方式,如反射、吸收或两者联合的方式减少紫外线对皮肤的损伤。防晒剂不仅可以预防日晒引起的急性皮肤损伤,也可抵抗紫外线诱导的免疫反应、光老化、皮肤癌。在露出部位的皮肤上,曝晒前 10～15 分钟涂抹防光剂,如 SPF15 或 30/PFA＋＋的防光乳液。晒伤或轻度的日光性皮炎局部可外用炉甘石洗剂、氧化锌油或 5％二氧化钛霜等。对较重者可内服 B 族维生素、烟酰胺、维生素 C、β 胡萝卜素等,能吸收部分长波紫外线。严重的疾病应及时到医院诊治。

2. 治疗

(1) 夏季 6～8 月份的 10～14 时是日光中紫外线照射最为强烈的时间,中波紫外线是引发日光性皮炎的罪魁祸首,此时应尽量避免外出。必须外出时,应穿长袖长裤(以浅色为佳),戴草帽或打遮阳伞。

(2) 加强皮肤营养,平时多食新鲜果蔬,适量吃点脂肪,以保证皮肤的足够弹性,增强皮肤的抗皱活力,维生素 C 和维生素 B_{12} 能阻止和减弱对紫外光的敏感,并促进黑色素的消退,且可恢复皮肤的弹性,故夏季应多食富含多种维生素的食品。

(3) 可以采用药物防治:可口服烟酰胺、β 胡萝卜素、维生素 B 族等。皮炎发作时,口服羟基氯喹、沙立度胺(即反应停,孕妇忌用)等。局部皮损的处理,晒斑可用炉甘石洗剂或冰水湿敷;慢性日光性皮炎可适量外用激素类软膏和霜剂,由于面部皮肤娇嫩,选用口服或外用药物时,一定要在医生指导下进行。

（4）适当进行皮肤按摩,按摩可促进皮肤组织的新陈代谢功能,并可增强皮肤对黑色素沉着的抵抗能力,使皮肤充满青春活力。

（5）为有效防晒伤,最好外涂"防晒霜",一是把紫外线反射回去,二是把紫外线滤除。防晒霜的使用有效时间,可用"防晒系数"来表示,如SPF8、SPF16 等,数值越高,防晒有效时间越长。

五、护理小贴士

（1）在日常生活中要注意,经常参加户外锻炼,使皮肤产生黑色素,以增强皮肤对日晒的耐受能力。

（2）上午 10 时到下午 2 时日光照射最强时尽量避免户外活动或减少活动时间;

（3）避免日光曝晒,外出时注意防护,如撑伞、戴宽边帽、穿长袖衣服;若在户外,建议常规应用日光保护因子（SPF）15 以上的遮光剂,有严重光敏者需用 SPF30 以上的高效遮光剂。

（4）加强皮肤营养,平时多食新鲜果蔬,适量吃点脂肪,以保证皮肤的足够弹性,增强皮肤的抗皱活力,维生素 C 和维生素 B_{12} 能阻止和减弱对紫外光的敏感,并促进黑色素的消退,且可恢复皮肤的弹性,故夏季应多食富含多种维生素的食品。

13

消化性溃疡

一、疾病简介

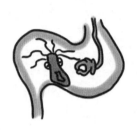

消化性溃疡主要指发生于胃和十二指肠的慢性溃疡,是一多发病、常见病。溃疡的形成有各种因素,其中酸性胃液对黏膜的消化作用是溃疡形成的基本因素,因此得名。酸性胃液接触的任何部位,如食管下段、胃肠吻合术后吻合口、空肠以及具有异位胃黏膜的Meckel憩室,绝大多数的溃疡发生于十二指肠和胃,故又称胃、十二指肠溃疡。临床上十二指肠溃疡对于胃溃疡,两者之比是 3∶1。

二、常见病因

(1)幽门螺杆菌感染(Hp)。引起消化道溃疡的病因较多,但最常见的病因是幽门螺旋杆菌感染,有资料显示,在胃溃疡中 Hp 的检出率为 $70\% \sim 90\%$,在十二指肠溃病中 Hp 的检出率高达 $95\% \sim 100\%$。同时大约 1 / 6 幽门螺杆菌感染者可能发生消化性溃疡病。

(2)胃酸过多。著名胃肠病学家斯瓦茨有一句名言——"无酸无溃疡",尤其是十二指肠溃疡与胃酸分泌过多有关。

(3) 药物因素。长期应用阿司匹林以及止痛药(芬必得、英太清等)、抗凝药[氯吡格雷(波立维)、硫酸氯吡格雷(泰嘉、华法林等)]、激素会造成溃疡,特别是阿司匹林。

(4) 饮食因素。喜欢浓茶、咖啡、烈酒、辛辣调料、泡菜等食品,可影响胃酸的分泌,削弱胃黏膜的屏障作用,导致溃疡病的发生。

(5) 吸烟。烟草中含有的尼古丁可损伤胃黏膜,与不吸烟者相比,吸烟者会增加 91.5% 的胃酸分泌,长期大量吸烟不仅不利于溃疡的愈合,亦可致其复发。

(6) 饮酒。酒精可刺激胃酸分泌,对胃黏膜也有直接损伤作用。

(7) 精神因素。长期精神紧张可增加胃酸的分泌,还影响胃肠道黏膜的血液营养供应,引起溃疡病。

(8) 其他。地理环境与气候因素、自身免疫疾病、胃十二指肠反流等也可能与消化道溃疡发生有关。

三、常见症状

(1) 长期性由于溃疡发生后可自行愈合,但每于愈合后又好复发,故常有上腹疼痛长期反复发作的特点。整个病程平均 6～7 年,有的可长达一二十年,甚至更长。

（2）周期性上腹疼痛呈反复周期性发作，为此种溃疡的特征之一，尤以十二指肠溃疡更为突出。中上腹疼痛发作可持续几天、几周或更长，继以较长时间的缓解。全年都可发作，但以春、秋季节发作者多见。

（3）节律性溃疡疼痛与饮食之间的关系具有明显的相关性和节律性。在一天中，早晨3点至早餐的一段时间，胃酸分泌最低，故在此时间内很少发生疼痛。十二指肠溃疡的疼痛好在两餐之间发生，持续不减直至下餐进食或服制酸药物后缓解。一部分十二指肠溃疡患者，由于夜间的胃酸较高，尤其在睡前曾进餐者，可发生半夜疼痛。胃溃疡疼痛的发生较不规则，常在餐后1小时内发生，经1～2小时后逐渐缓解，直至下餐进食后再复出现上述节律（见下表）。

	胃溃疡（GU）	十二指肠溃疡（DU）
机制	保护因素减弱	侵袭因素增强
好发人群	中老年	青壮年
好发部位	胃窦、胃小弯部	十二指肠球部
一般规律	进食-疼痛-缓解	疼痛-进食-缓解
疼痛性质	烧灼或痉挛感	钝痛、灼痛、胀痛或剧痛，轻者仅饥饿样不适感

（4）疼痛部位十二指肠溃疡的疼痛多出现于中上腹部，或在脐上方，或在脐上方偏右处；胃溃

疡疼痛的位置也多在中上腹，但稍偏高处，或在剑突下和剑突下偏左处。疼痛范围约数厘米直径大小。因为空腔内脏的疼痛在体表上的定位一般不十分确切，所以，疼痛的部位也不一定准确反映溃疡所在解剖位置。

（5）疼痛性质多呈钝痛、灼痛或饥饿样痛，一般较轻而能耐受，持续性剧痛提示溃疡穿透或穿孔。

（6）影响因素疼痛常因精神刺激、过度疲劳、饮食不慎、药物影响、气候变化等因素诱发或加重；可因休息、进食、服制酸药、以手按压疼痛部位、呕吐等方法而减轻或缓解。

（7）其他症状本病除中上腹疼痛外，尚可有唾液分泌增多、胃灼热、反胃、嗳酸、嗳气、恶心、呕吐等其他胃肠道症状。食欲多保持正常，但偶可因食后疼痛发作而惧食，以致体重减轻。全身症状可有失眠等神经官能症的表现，或有缓脉、多汗等自主神经紊乱的症状。

（8）溃疡发作期中上腹部可有局限性压痛，程度不重，其压痛部位多与溃疡的位置基本相符。

四、预防与治疗

1. 预防

（1）饮食。规律饮食，忌辛辣刺激、生冷硬、油腻食物，避免浓茶、咖啡等刺激胃酸分泌饮料，戒烟酒。

（2）细嚼慢咽。以减轻胃肠负担。对食物充分咀嚼次数越多，随之分泌的唾液也越多，对胃黏膜有保护作用。

（3）饮水择时。最佳的饮水时间是晨起空腹时及每次进餐前 1 小时，餐后立即饮水会稀释胃液，和汤泡饭也会影响食物的消化。

（4）补充维生素 C。维生素 C 对胃有保护作用，胃液中保持正常的维生素 C 的含量，能有效发挥胃的功能，保护胃部和增强胃的抗病能力。因此，要多吃富含维生素 C 的蔬菜和水果。

（5）心情调节。调整心情，解除心理负担，缓解焦虑。

（6）检查幽门螺旋杆菌，正规服用药物根除幽门螺旋杆菌。

（7）药物预防。如有消化性溃疡病史者，在好发季节（如秋冬交替、冬春交替时）可预防性应用抑酸剂质子原抑制剂（PPI）类或胃黏膜保护剂。

（8）避免药物损害。不用或少用阿司匹林、索米痛片等止痛药物及激素药物。

（9）正规药物治疗。胃溃疡一个疗程要服药 4～6 周，疼痛缓解后还得巩固治疗 1～3 个月，甚至更长时间。抗酸类药物宜在饭后 1 小时或睡前服用。

（10）注意复查胃镜。胃溃疡有癌变可能，停药者最好每年复查一次胃镜，胃溃疡患者年龄大于 40 岁须每半年复查一次胃镜。

2. 治疗

消化性溃疡的治疗目的是消除病因、缓解症状、愈合溃疡、防止复发和防治并发症。

（1）一般治疗

生活要有规律，避免过度劳累和精神紧张。饮食规律，戒烟、戒酒。服用非甾体抗炎药（如阿司匹林、布洛芬、吲哚美辛等）者尽可能停用。

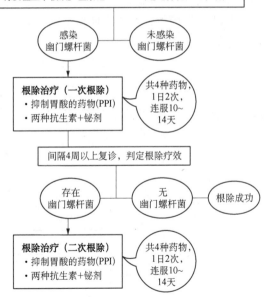

（2）治疗消化性溃疡的药物

治疗消化性溃疡的药物可分为抑制胃酸分

泌的药物和保护胃黏膜的药物两大类,主要起缓解症状和促进溃疡愈合的作用,常与根除幽门螺杆菌治疗配合使用。前者如 H_2 受体拮抗剂和质子泵抑制剂(PPI),后者如硫糖铝和胶体铋。

(3) 根除幽门螺杆菌治疗

对幽门螺杆菌感染引起的消化性溃疡,根除幽门螺杆菌不但可促进溃疡愈合,而且可预防溃疡复发,从而彻底治愈溃疡。

已证明在体内具有杀灭幽门螺杆菌作用的抗生素有克拉霉素、阿莫西林、甲硝唑(或替硝唑)、四环素、呋喃唑酮,某些喹诺酮类如左氧氟沙星等。PPI 及胶体铋在体内能抑制幽门螺杆菌,与上述抗生素有协同杀菌作用。

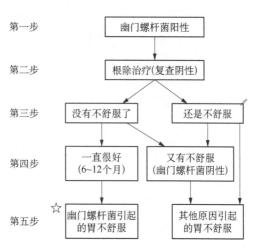

根除幽门螺杆菌治疗后应常规复查幽门螺杆菌是否已被根除,复查应在根除幽门螺杆菌治

疗结束至少 4 周后进行，且在检查前停用 PPI 或胶体铋 2 周，否则会出现假阴性。

五、护理小贴士

（1）必须坚持长期服药。由于胃溃疡是个慢性病，且易复发，要使其完全愈合，必须坚持长期服药。切不可症状稍有好转，便骤然停药，也不可朝三暮四，服用某种药物刚过几天，见病状未改善，又换另一种药。一般来说，一个疗程要服药 4～6 周，疼痛缓解后还得巩固治疗 1～3 个月，甚至更长时间。

（2）避免精神紧张。胃溃疡是一种典型的心身疾病，心理因素对胃溃疡影响很大。精神紧张、情绪激动，或过分忧虑对大脑皮质产生不良的刺激，使得丘脑下中枢的调节作用减弱或丧失，引起自主神经功能紊乱，不利于食物的消化和溃疡的愈合。保持轻松愉快的心境，是治愈胃溃疡的关键。

（3）讲究生活规律，注意气候变化。胃溃疡患者生活要有一定规律，不可过分疲劳，劳累过度不但会影响食物的消化，还会妨碍溃疡的愈合。溃疡患者一定要注意休息，生活起居要有规律。溃疡病发作与气候变化有一定的关系，因此溃疡患者必须注意气候变化，根据节气冷暖，及时添减衣被。

（4）注意饮食卫生。不注意饮食卫生、偏食、饥饱失度或过量进食冷饮冷食，或嗜好辣椒、浓茶、咖啡等刺激性食物，均可导致胃肠消化功能紊乱，不利于溃疡的愈合。做到一日三餐定时定量，饥饱适中，细嚼慢咽，是促进溃疡愈合的良好习惯。

（5）避免服用对胃黏膜有损害的药物。有些药物，如阿司匹林、地塞米松、泼尼松、吲哚美辛等，对胃黏膜有刺激作用，可加重胃溃疡的病情，应尽量避免使用。如果因疾病需要非得要服用，或向医生说明，改用他药，或遵医嘱，配合些其他辅助药物，或放在饭后服用，减少对胃的不良反应。

（6）消除细菌感染病因。以往认为胃溃疡与胃液消化作用有关，与神经内分泌机能失调有关，因而传统疗法是，制酸、解痛、止痛。

秋篇

秋凉晚步
秋气堪悲未必然
轻寒正是可人天
绿池落尽红蕖却
荷叶犹开最小钱
——杨万里

14

支气管哮喘

一、疾病简介

支气管哮喘（bronchial asthma）是一种常见病、多发病，主要症状是发作性的喘息，气急，胸闷，咳嗽。支气管哮喘是由多种细胞（嗜酸性粒细胞、肥大细胞、T细胞、中性粒细胞、气道上皮细胞等）和细胞组分参与的气道慢性炎症性疾病，这种慢性炎症与气道高反应性相关，通常出现广泛而多变的可逆性气流受限，导致反复发作的喘息、气促、胸闷和（或）咳嗽等症状，多在夜间和（或）清晨发作、加剧，多数患者可自行缓解或经治疗缓解。

二、常见病因

1. 哮喘发病的危险因素

包括宿主因素（遗传因素）和环境因素两个方面。

（1）遗传因素。在很多患者身上都可以体现出来，比如绝大多数患者的亲人（有血缘关系、近三代人）当中，都可以追溯到有哮喘（反复咳嗽、喘息)或其他过敏性疾病(过敏性鼻炎、特应性皮炎)病史。

(2)环境因素。大多数哮喘患者属于过敏体质,本身可能伴有过敏性鼻炎和/特应性皮炎,或者对常见的经空气传播的变应原(螨虫、花粉、宠物、霉菌等)、某些食物(坚果、牛奶、花生、海鲜类等)、药物过敏等。

2. 临床表现

哮喘可分为急性发作期、慢性持续期和临床缓解期。

(1)哮喘急性发作时的分级。哮喘急性发作是指喘息、气促、咳嗽、胸闷等症状突然发生,或原有症状急剧加重,常有呼吸困难,以呼气流量降低为其特征,常因接触变应原、刺激物或呼吸道感染诱发。其程度轻重不一,病情加重,可在数小时或数天内出现,偶尔可在数分钟内即危及生命,故应对病情作出正确评估,以便给予及时有效的紧急治疗。如果患者出现休息时即气短、端坐呼吸、讲话单个字、大汗淋漓、呼吸次数每分钟超过 30 次、心率每分钟超过 120 次、吸入支气管扩张剂(沙丁胺醇气雾剂)后作用持续时间小于 2 小时、未吸氧时动脉氧分压低于 60 mmHg 或动脉二氧化碳分压大于 45 mmHg 或氧饱和度不超过 90% 等,这些症状或辅助检查指标只要符合一项或一项以上,就说明患者病情严重,需高度重视,应尽快开始快速、有效地治疗。

(2)慢性持续期是指每周均不同频度和(或)

不同程度地出现症状（喘息、气急、胸闷、咳嗽等）；临床缓解期系指经过治疗或未经治疗症状、体征消失，肺功能恢复到急性发作前水平，并维持3个月以上。

（3）缓解期哮喘严重程度分级。目前，通常采用哮喘控制水平分级标准，对临床治疗的指导作用比较大，易于被医生掌握。哮喘控制水平分级如下表所示。

哮喘控制水平分级

项目/类别	完全控制（满足以下所有条件）	部分控制（在任何1周内出现以下1~2项指证）未控制	未控制（在任何1周内）
白天症状	无（或≤2次/周）	2次/周	
活动受限	无	有	
夜间症状/憋醒	无	有	出现≥3项部分控制特征
需要使用缓解药的次数	无（或≤2次/周）	2次/周	
肺功能（PEF/FEV₁）	正常或≥正常预计值/本人最佳值的80%	<正常预计值（或本人最佳值）的80%	
急性发作	无	≥每年1次	在任何1周内出现1次

三、疾病症状

哮喘患者的常见症状是发作性的喘息、气急、胸闷或咳嗽等症状，少数患者还可能以胸痛为主要表现，这些症状经常在患者接触烟雾、香水、油漆、灰尘、宠物、花粉等刺激性气体或变应原之后发作，夜间和(或)清晨症状也容易发生或加剧。很多患者在哮喘发作时自己可闻及喘鸣音。症状通常是发作性的，多数患者可自行缓解或经治疗缓解。

（1）猝死。猝死是支气管哮喘最严重的并发症，因其常常无明显先兆症状，一旦突然发生，往往来不及抢救而死亡。

（2）下呼吸道和肺部感染。据统计，哮喘约有半数系因上呼吸道病毒感染而诱发。由此呼吸道的免疫功能受到干扰，容易继发下呼吸道和肺部感染。因此，应努力提高哮喘患者的免疫功能，保持气道通畅，清除气道内分泌物，保持病室清洁，预防感冒，以减少感染。

（3）远期并发症。慢阻肺、肺动脉高压和慢性肺心病其发病与哮喘引起的长期或反复气道阻塞、感染、缺氧、高碳酸血症、酸中毒及血液黏稠度增高等有关。

四、预防与治疗

患者应明确自己的过敏原，常见过敏原有内源性过敏原和外源性过敏原，明确过敏原后在生活中有效的规避，这样能有效减少哮喘的发作次数；

哮喘患者需要长期治疗，治疗方案的制订、变更，药物的减量、停用，都应该在医生的指导下进行，切忌自行停药。

哮喘是一种对患者及其家庭和社会都有明显影响的慢性疾病。气道炎症几乎是所有类型哮喘的共同特征，也是临床症状和气道高反应性的基础。气道炎症存在于哮喘的所有时段。虽然哮喘目前尚不能根治，但以抑制炎症为主的规范治疗能够控制哮喘临床症状。国际一项研究表明，经氟替卡松/沙美特罗固定剂量升级和维持治疗，哮喘控制率接近80%。尽管从患者和社会的角度来看，控制哮喘的花费似乎很高，而不正确的治疗哮喘其代价会更高。

1）治疗哮喘的药物可以分为控制药物和缓解药物

（1）控制药物。指需要长期每天使用的药物。这些药物主要通过抗炎作用使哮喘维持临床控制，其中包括吸入糖皮质激素（简称激素）、全身用激素、白三烯调节剂、长效 β_2 受体激动剂（长效 β_2 受体激动剂，须与吸入激素联合应用）、缓释茶碱、抗 IgE 抗体及其他有助于减少全身激素剂量的药物等。

（2）缓解药物。指按需使用的药物。这些药物通过迅速解除支气管痉挛从而缓解哮喘症状，其中包括速效吸入 β_2 受体激动剂、全身用激素、吸入性抗胆碱能药物、短效茶碱及短效口服 β_2 受体激动剂等。

2）激素

激素是最有效的控制气道炎症的药物。给药途径包括吸入、口服和静脉应用等，吸入为首选途径。

（1）吸入给药。吸入激素的局部抗炎作用强；通过吸气过程给药，药物直接作用于呼吸道，所需剂量较小。通过消化道和呼吸道进入血液药物的大部分被肝脏灭活，因此全身性不良反应较少。

研究结果证明吸入激素可以有效减轻哮喘症状、提高生命质量、改善肺功能、降低气道高反应性、控制气道炎症，减少哮喘发作的频率和减轻发作的严重程度，降低病死率。多数成人哮喘患者吸入小剂量激素即可较好的控制哮喘。

吸入激素在口咽部局部的不良反应包括声音嘶哑、咽部不适和念珠菌感染。吸药后及时用清水含漱口咽部，选用干粉吸入剂或加用储雾器可减少上述不良反应。目前有证据表明成人哮喘患者每天吸入低至中剂量激素，不会出现明显的全身不良反应。长期高剂量吸入激素后可能出现的全身不良反应包括皮肤瘀斑、肾上腺功能抑制和骨密度降低等。

（2）溶液给药。布地奈德溶液经以压缩空气为动力的射流装置雾化吸入,对患者吸气配合的要求不高,起效较快,适用于轻中度哮喘急性发作时的治疗。

(3) 口服给药。适用于中度哮喘发作、慢性持续哮喘吸入大剂量吸入激素联合治疗无效的患者和作为静脉应用激素治疗后的序贯治疗。一般使用半衰期较短的激素。对于激素依赖型哮喘,可采用每天或隔天清晨顿服给药的方式,以减少外源性激素对下丘脑-垂体-肾上腺轴的抑制作用。

长期口服激素可以引起骨质疏松症、高血压、糖尿病、下丘脑-垂体-肾上腺轴的抑制、肥胖症、白内障、青光眼、皮肤菲薄导致皮纹和瘀斑、肌无力。对于伴有结核病、寄生虫感染、骨质疏松、青光眼、糖尿病、严重忧郁或消化性溃疡的哮喘患者,全身给予激素治疗时应慎重并应密切随访。长期甚至短期全身使用激素的哮喘患者可感染致命的疱疹病毒应引起重视,尽量避免这些患者暴露于疱疹病毒是必要的。

尽管全身使用激素不是一种经常使用的缓解哮喘症状的方法,但是对于严重的急性哮喘是需要的,因为它可以预防哮喘的恶化、减少因哮喘而急诊或住院的机会、预防早期复发、降低病死率。具体使用要根据病情的严重程度,当症状缓解或其肺功能已经达到个人最佳值,可以考虑停药或减量。

(4) 静脉给药。严重急性哮喘发作时,应经静脉及时给予,无激素依赖倾向者,可在短期(3～5天)内停药;有激素依赖倾向者应延长给药时间,控制哮喘症状后改为口服给药,并逐步减少激素用量。

哮喘患者应用此疗法应严格在医师指导下、在有资质的医疗单位进行。

五、护理小贴士

1. 雾化吸入的适应证

① 哮喘;

② 急性喉炎;

③ 急慢性咳嗽;

④ 喘息性肺炎;

⑤ 上呼吸道感染;

⑥ 支原体肺炎;

⑦ 慢性阻塞性肺疾病;

⑧ 肺心病;

⑨ 其他气道炎症类疾病。

2. 原理

雾化吸入疗法是利用气体射流原理,将水滴撞击的微小雾滴悬浮于气体中,形成气雾剂而输入呼吸道,进行呼吸道湿化或药物吸入的治疗方法,作为全身治疗的辅助和补充。

3. 雾化吸入器种类及吸入的方法

(1) 定量吸入器。是利用手动压制、定量喷射药物微粒的递送装置。携带方便,操作简单,助推剂是氟利昂。

代表：万托林气雾剂，爱全乐气雾剂，必可酮气雾剂。

（2）干粉吸入剂。由于可与吸气同步，吸入效果较好，且不含氟利昂。主要有旋转式、碟式和涡流式3种。指导患者采取正确的气雾吸入方式很重要，吸入气雾之后需屏气10秒，若屏气不足将降低雾化吸入的效果。

代表：普米克令舒（布地奈德）、舒利迭。

4. 雾化吸入治疗的注意事项

（1）雾化前先漱口，清除口腔内分泌物、食物残渣。

（2）雾化时应做深而慢的吸气，使药液充分吸收。

（3）观察患者有无呛咳或气道痉挛，并及时报告医生。

（4）雾化吸入后应漱口，防止激素在咽部聚集，用面罩者应洗脸。

（5）氧动雾化吸入应注意安全用氧。

附：哮喘控制测试（ACT）问卷及评分标准

（1）在过去的4周内，在工作、学习或家中，有多少时候哮喘妨碍您进行日常活动？

◇ 所有时候（1分）

◇ 大多数时候（2分）

◇ 有些时候（3分）

◇ 很少时候（4分）

◇ 没有（5分）

（2）在过去的4周内，您有多少次呼吸困难？

◇ 每天不止 1 次(1 分)

◇ 一天 1 次(2 分)

◇ 每周 3～6 次(3 分)

◇ 每周 1～2 次(4 分)

◇ 完全没有(5 分)

(3) 在过去的 4 周内,因为哮喘症状(喘息、咳嗽、呼吸困难、胸闷或疼痛),您有多少次在夜间醒来或早上比平时早醒?

◇ 每周 4 晚或更多(1 分)

◇ 每周 2～3 晚(2 分)

◇ 每周 1 次(3 分)

◇ 1～2 次(4 分)

◇ 没有(5 分)

(4) 在过去的 4 周内,您有多少次使用急救药物治疗(如沙丁胺醇)?

◇ 每天 3 次以上(1 分)

◇ 每天 1～2 次(2 分)

◇ 每周 2～3 次(3 分)

◇ 每周 1 次或更少(4 分)

◇ 没有(5 分)

(5) 您如何评估过去的 4 周内您的哮喘控制情况?

◇ 没有控制(1 分)

◇ 控制很差(2 分)

◇ 有所控制(3 分)

◇ 控制很好(4 分)

◇ 完全控制(5 分)

（6）总分

（总分 25 分）祝贺您在过去的 4 周内，您的哮喘已得到完全控制。您没有哮喘症状，生活也不受哮喘所限制。如果有变化，请联系您的医生。

（总分 20～24 分）接近目标

在过去的 4 周内，您的哮喘已得到良好控制，但还没有完全控制。您的医生也许可以帮助您得到完全控制。

（得分 低于 20 分）未达到目标

在过去的 4 周内，您的哮喘可能没有得到控制。您的医生可以帮您制订一个哮喘管理计划，帮助您控制哮喘。

秋

篇

15

冠心病

一、疾病简介

　　"冠心病"是冠状动脉性心脏病的简称,心脏是人体的重要器官,它的作用就好比是一个永不停止工作的泵,随着心脏每次收缩将携带氧气和营养物质的血流经主动脉输送到全身,以供给各组织细胞代谢需要。

二、常见病因

　　与冠心病发生相关的因素包括高血压、高血脂、糖尿病、吸烟。另外,还有一些不良的生活方式,比如高脂饮食、生活没有规律或者不爱运动,这些都与冠心病的发生和发展相关。当然,还有一些因素是不可控的,比如遗传因素,有些患者可能是家族性的发病。

三、常见症状

　　(1)症状。典型胸痛因体力活动、情绪激动等诱发,突感心前区疼痛,多为发作性绞痛或压榨痛,也可为憋闷感。疼痛从胸骨后或心前区开始,向上放射至左肩、臂,甚至小指和无名指,休息或含服硝酸甘油可缓解。胸痛放散的部位也可涉及颈部、下颌、牙齿、腹部等。胸痛也可出现在静息状态下或夜间,由冠脉痉挛所致,也称变异型心绞痛。如胸痛性质发生变化,如新近出现的进行性胸痛,痛阈逐步下降,以至稍事体力活动或情绪激动甚至休息或熟睡时亦可发作。疼痛逐渐加剧、变频,持续时间延长,祛除诱因或含服硝酸甘油不能缓解,此时往往怀疑不稳定心绞痛。

(2)心绞痛的分级。国际上一般采用加拿大心血管协会分级法(CCSC)。

Ⅰ级	日常活动,如步行,爬梯,无心绞痛发作
Ⅱ级	日常活动因心绞痛而轻度受限
Ⅲ级	日常活动因心绞痛发作而明显受限
Ⅳ级	任何体力活动均可导致心绞痛发作

发生心肌梗死时胸痛剧烈,持续时间长(常常超过半小时),硝酸甘油不能缓解,并可有恶心、呕吐、出汗、发热,甚至发绀、血压下降、休克、心力衰竭。

需要注意:一部分患者的症状并不典型,仅仅表现为心前区不适、心悸或乏力,或以胃肠道症状为主。某些患者可能没有疼痛,如老年人和糖尿病患者。约有 1/3 的患者首次发作冠心病表现为猝死。其他可伴有全身症状,合并心力衰竭的患者可出现。体征:心绞痛患者未发作时无特殊。患者可出现心音减弱,心包摩擦音。并发室间隔穿孔、乳头肌功能不全者,可于相应部位闻及杂音。心律失常时听诊心律不规则。

四、预防与治疗

1. 预防

（1）生活习惯改变。戒烟限酒,低脂低盐饮食,适当体育锻炼,控制体重等

（2）药物治疗。抗血栓(抗血小板、抗凝),减轻心肌氧耗(β受体阻滞剂),缓解心绞痛(硝酸酯类),调脂稳定斑块(他汀类调脂药)。

（3）血运重建治疗。包括介入治疗(血管内球囊扩张成形术和支架植入术)和冠状动脉旁路移植术。药物治疗是所有治疗的基础。介入和外科手术治疗后也要坚持长期的标准药物治疗。对同一患者来说,处于疾病的某一个阶段时可用药物理想地控制,而在另一阶段时单用药物治疗效果往往不佳,需要将药物与介入治疗或外科手术合用。

2. 治疗

1) 药物治疗

目的是缓解症状,减少心绞痛的发作及心肌梗死;延缓冠状动脉粥样硬化病变的发展,并减少冠心病死亡。规范药物治疗可以有效地降低冠心病患者的病死率和再缺血事件的发生,并改善患者的临床症状。而对于部分血管病变严重甚至完全阻塞的患者，在药物治疗的基础上，血管再建治疗可进一步降低患者的病死率。

（1）硝酸酯类药物。本类药物主要有：硝酸甘油、硝酸异山梨酯（消心痛）、5－单硝酸异山梨酯、长效硝酸甘油制剂（硝酸甘油油膏或橡皮膏贴片）等。硝酸酯类药物是稳定型心绞痛患者的常规用药。心绞痛发作时可以舌下含服硝酸甘油或使用硝酸甘油气雾剂。对于急性心肌梗死及不稳定型心绞痛患者，先静脉给药，病情稳定、症状改善后改为口服或皮肤贴剂，疼痛症状完全消失后可以停药。硝酸酯类药物持续使用可发生耐药性，有效性下降，可间隔 8～12 小时服药，以减少耐药性。

（2）抗血栓药物。包括抗血小板和抗凝药物。抗血小板药物主要有阿司匹林、氯吡格雷（波立维）、替罗非班等，可以抑制血小板聚集，避免血栓形成而堵塞血管。阿司匹林为首选药物，维持量为每天 75～100 mg，冠心病患者若无禁忌证应该长期服用。阿司匹林的副作用是对胃肠道的刺激，胃肠道溃疡患者要慎用。冠脉介入治疗术后应坚持每日口服氯吡格雷，通常 0.5～1 年。

（3）抗凝药物。包括普通肝素、低分子肝素、磺达肝癸钠、比伐卢定等。纤溶药物溶血栓药主要有链激酶、尿激酶、组织型纤溶酶原激活剂等，可溶解冠脉闭塞处已形成的血栓，开通血管，恢复血流，用于急性心肌梗死发作时。

（4）β受体阻滞剂。既有抗心绞痛作用，又能预防心律失常。在无明显禁忌时，β受体阻滞剂是冠心病的一线用药。

（5）钙通道阻断剂。可用于稳定型心绞痛的治疗和冠脉痉挛引起的心绞痛。常用药物有维拉帕米、硝苯地平控释剂、氨氯地平、地尔硫草等。不主张使用短效钙通道阻断剂，如硝苯地平普通片。

（6）肾素血管紧张素系统抑制剂。包括血管紧张素转换酶抑制剂（ACEI）、血管紧张素Ⅱ受体拮抗剂（ARB）以及醛固酮拮抗剂。对于急性心肌梗死或近期发生心肌梗死合并心功能不全的患者，尤其应当使用此类药物。用药过程中要注意防止血压偏低。

2）调脂治疗

调脂治疗适用于所有冠心病患者。最近研究表明，他汀类药物可以降低冠心病发病率及病死率。

3）经皮冠状动脉介入治疗（PCI）

经皮冠状动脉腔内成形术（PTCA）：应用特制的带气囊导管，经外周动脉（股动脉或桡动脉）送到冠脉狭窄处，充盈气囊可扩张狭窄的管腔，改善血流，并在已扩开的狭窄处放置支架，预防再狭窄。还可结合血栓抽吸术、旋磨术。适用于药物控制不良的稳定型心绞痛、不稳定型心绞痛和心肌梗死患者。心肌梗死急性期首选急诊介入治疗,时间非常重要,越早越好。

4)冠状动脉旁路移植术(简称冠脉搭桥术,CABG)

冠状动脉旁路移植术通过恢复心肌血流的灌注,缓解胸痛和局部缺血、改善患者的生活质量,并可以延长患者的生命。适用于严重冠状动脉病变的患者,不能接受介入治疗或治疗后复发的患者,以及心肌梗死后心绞痛,或出现室壁瘤、二尖瓣关闭不全、室间隔穿孔等并发症时,在治疗并发症的同时,应该行冠状动脉搭桥术。

五、护理小贴士

高危人群是哪些?

（1）重度肥胖者。体重指数（BMI）超过 30 的,冠心病的发生率比 BMI 小于 25 的增加 3～8 倍。高血压长期超过 140/80 mmHg 而没有控制的患者,发生冠心病的概率增加 3 倍。

（2）糖尿病患者,在未来 5 年或 10 年,如果不好好地控制血糖,发生冠心病的概率非常高。

（3）呼吸睡眠暂停综合征,这种低氧血症,可以造成血压的增加,另外它可以造成机体缺氧,可以诱发心绞痛、心梗的发生。

（4）高尿酸血症。

针对以上这些高危的患者，要早期预防，早期治疗，及时警觉，比如说血压很长时间没有控制，血糖很长时间没有控制好，血脂、低密度脂蛋白没有达标，这要及时合理的治疗，减少冠心病的发生。

16

肩周炎

一、疾病简介

肩周炎又称肩关节周围炎。以肩部逐渐产生疼痛,夜间为甚,逐渐加重,肩关节活动功能受限而且日益加重,达到某种程度后逐渐缓解,直至最后完全复原为主要表现的肩关节囊及其周围韧带、肌腱和滑囊的慢性特异性炎症。肩周炎是以肩关节疼痛和活动不便为主要症状的常见病症。本病的好发年龄在 50 岁左右,女性发病率略高于男性,多见于体力劳动者。如得不到有效的治疗,有可能严重影响肩关节的功能活动。肩关节可有广泛压痛,并向颈部及肘部放射,还可出现不同程度的三角肌的萎缩。

二、常见病因

(1)肩部原因。①本病大多发生在 40 岁以上中老年人,软组织退行病变,对各种外力的承受能力减弱;②长期过度活动,姿势不良等所产生的慢性致伤力;③上肢外伤后肩部固定过久,肩周组织继发萎缩、粘连。④肩部急性挫伤、牵拉伤后因治疗不当等。

（2）肩外因素。颈椎病、心、肺、胆道疾病发生的肩部牵涉痛，因原发病长期不愈使肩部肌肉持续性痉挛、缺血而形成炎性病灶，转变为真正的肩周炎。

三、常见症状

（1）肩部疼痛。起初肩部呈阵发性疼痛，多数为慢性发作，以后疼痛逐渐加剧或钝痛，或刀割样痛，且呈持续性，气候变化或劳累后常使疼痛加重，疼痛可向颈项及上肢（特别是肘部）扩散，当肩部偶然受到碰撞或牵拉时，常可引起撕裂样剧痛，肩痛昼轻夜重为本病一大特点，若因受寒而致痛者，则对气候变化特别敏感。

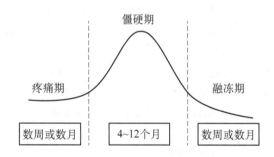

（2）肩关节活动受限。肩关节向各方向活动均可受限，以外展、上举、内旋外旋更为明显，随着病情进展，由于长期失用引起关节囊及肩周软组织的粘连，肌力逐渐下降，加上喙肱韧带固定于缩短的内旋位等因素，使肩关节各方向的主动和被动活动均受限，特别是梳头、穿衣、洗脸、叉腰等

动作均难以完成,严重时肘关节功能也可受影响,屈肘时手不能摸到同侧肩部,尤其在手臂后伸时不能完成屈肘动作。

(3)怕冷。患者肩怕冷,不少患者终年用棉垫包肩,即使在暑天,肩部也不敢吹风。

(4)压痛。多数患者在肩关节周围可触到明显的压痛点,压痛点多在肱二头肌长头肌腱沟处、肩峰下滑囊、喙突、冈上肌附着点等处。

(5)肌肉痉挛与萎缩。三角肌、冈上肌等肩周围肌肉早期可出现痉挛,晚期可发生失用性肌萎缩,出现肩峰突起,上举不便,后伸不能等典型症状,此时疼痛症状反而减轻。

四、预防与治疗

1. 预防

(1)纠正不良姿势。对于经常伏案、双肩经常处于外展工作的人,应注意调整姿势,避免长期的不良姿势造成慢性劳损和积累性损伤。

(2)加强功能锻炼。如工作或看电视 45 分钟后,做"点点头""仰仰头""摇摇头"等运动。还可以试着双手抱头把头往后仰,或紧贴着墙面直立做头后方顶墙的动作,重复做两三次,这些简单的动作可以使肌肉的疲劳瞬间得到放松。可经常打太极拳、太极剑、门球,或使用拉力器、哑

铃以及双手摆动等运动,但要注意运动量,以免造成肩关节及其周围软组织损伤。

(3)注意防寒保暖。寒冷湿气不断侵袭机体,可使肌肉组织和小血管收缩,肌肉较长时间的收缩,可产生较多的代谢产物,如乳酸及致痛物质聚集,使肌肉组织受刺激而发生痉挛,久则引起肌细胞的纤维样变性、肌肉收缩功能障碍而引发各种症状。因此,在日常生活中注意防寒保暖,特别是避免肩部受凉。而且不能长时间地吹空调,避免肩膀受凉,中老年人更应注意。

2. 治疗

目前,对肩周炎主要是保守治疗。口服消炎镇痛药,物理治疗,痛点局部封闭,按摩推拿、自我按摩等综合疗法。同时进行关节功能练习,包括主动与被动外展、旋转、伸屈及环转运动。当肩痛明显减轻而关节仍然僵硬时,可在全麻下手法松解,以恢复关节活动范围。

五、护理小贴士

自我按摩的步骤及方法。

(1)用健侧的拇指或手掌自上而下按揉患侧肩关节的前部及外侧,时间 1～2 分钟,在局部痛点处可以用拇指点按片刻。

(2)用健侧手的第 2～4 指的指腹按揉肩关节后部的各个部位,时间 1～2 分钟,按揉过程中发现有局部痛点亦可用手指点按片刻。

(3)用健侧拇指及其余手指的联合动作揉捏

患侧上肢的上臂肌肉,由下至上揉捏至肩部,时间 1～2 分钟。

(4) 还可在患肩外展等功能位置的情况下,用上述方法进行按摩,一边按摩一边进行肩关节各方向的活动。

(5) 最后用手掌自上而下地掌揉 1～2 分钟,对于肩后部按摩不到的部位,可用拍打法进行治疗。

自我按摩可每日进行 1 次,坚持 1～2 个月,会有较好的效果。

17

秋季抑郁症

一、疾病简介

秋季抑郁症又名"秋悲",是一种季节性心理疾病。秋季抑郁症的主要临床表现为:心情不佳,认为生活没有意思,高兴不起来;较为严重的则出现焦虑症状,食欲、睡眠等生活能力下降,精力缺乏,自我评价低,精神迟滞等。

二、常见病因

(1)阳光照射少。现代医学研究认为,造成秋冬季抑郁症病因主要是阳光照射少,人体生物钟不能适应日照时间缩短的变化而导致生理节律紊乱和内分泌失调,出现情绪与状态的改变。人脑里有一种腺体叫松果体,对阳光十分敏感,能分泌松果体素(也称褪黑素)和 5-羟色胺。

松果体通过神经纤维与眼睛联系,当阳光强烈时,松果体受到阳光的抑制,分泌激素减少;当阳光强度降低时,松果体兴奋,分泌出的激素就多。当它分泌多的时候,人体内的甲状腺素、肾上腺素分泌减少,人体便会处于抑郁状态,容易感觉到疲惫,在日短夜长的秋冬季患上抑郁症的人,其体内的松果体分泌的激素往往过多。

(2)生活节律差。吃过午饭,宜散步或逛逛街,松弛身心,晚上到公园跳跳集体舞等。登山扩胸襟也是抵抗秋季抑郁症最有趣的办法。中医学早就认识到,登山是治疗秋季抑郁症之良方。中国历来的九九重阳登高的习惯就是给秋季抑郁症打一剂预防针。

(3)生活压力大。随着社会的进步,越来越大的生活压力压得我们喘不过气,再加上秋季气候的变化无常,人们在这样的情况下,就会越来越烦躁,有的人甚至会对生活失去信心。这种心理上的问题最主要的还是自己要学会调节,不要给自己过大的压力,放轻松。学会自我满足。

三、常见症状

(1)生理症状。秋季抑郁症在生理上主要表现为易疲劳、精力衰退、注意力分散、心悸心慌、失眠多梦、工作能力下降等种种不适之症;较为严重的则出现焦虑症状,食欲、睡眠等生活能力下降等。

(2)心理症状。在心理上,产生情绪消极、抑郁、迷茫、孤独和无助之感,甚至从忧伤到悲观到绝望,认为生活没有意思,高兴不起来。"已觉秋窗秋不尽,那堪风雨助凄凉"就是对此的典型写照。

四、预防与治疗

1. 预防

（1）建立可靠的人际关系。一个人，平时除了一般朋友外，还必须找一些有道德、有修养、有知识、有见解、有头脑的好朋友。遇到不利事件时，就可以找那些完全值得信赖的好朋友倾诉、商讨一下。烦恼和困惑就会烟消云散。

（2）注意科学地睡眠、饮食、运动。失眠是情绪低落的普遍后果，充足地睡眠非常重要。女性减肥时的过度节食会造成情绪烦躁，全面的营养、荤素的搭配、合理的膳食尤其重要。久坐不动、闷闷不乐、烦躁不安会影响全身内脏功能，体育锻炼在调节大脑和全身内脏功能的同时，也调节好了情绪，适当的锻炼非常重要。

（3）知足常乐，自得其乐，欢乐每一天。世上没有一帆风顺的事情，人生的道路大多是曲折坎坷的，但是，每个人的前途都是无限光明灿烂的。我们必须时时刻刻勉励自己：比上不足、比下有余；有得必有失、有失必有得；大事讲原则、小事讲风格；知足常乐、难得糊涂、自得其乐。

2. 治疗

（1）加强日照和光照。阴雨天或早晚无阳光时，尽量打开家中或办公室中的全部照明装置，使屋内光明敞亮。人在光线充足的条件下活动，可调动情绪,增强兴奋性。

（2）增加摄入糖分。阴天时,增加糖类摄入可提高血糖水平、增加活力、减轻忧郁。当然,糖尿病患者除外。

（3）多摄入 B 族维生素。复合 B 族维生素、谷维素等可调节精神情绪,咖啡、浓茶等有一定的提神作用,能减轻或消除忧郁现象。

另外,如果病情严重,还可适度参照抑郁症的治疗方法,进行药物、物理和心理的结合治疗。

（4）扩大交际。扩大生活圈子,多交工作以外的朋友,培养兴趣爱好,舒缓工作上的压力。

五、护理小贴士

抑郁症患者如何护理?

1. 饮食、生活护理

抑郁症患者因情绪低落常伴有食欲缺乏,有些患者想通过拒食来达到消极身亡的目的,这种类型的患者要做的抑郁症的护理主要是从饮食入手,所以应注意加强患者的饮食护理。另一方面,患者由于情绪抑郁,常卧床不起,需多注意督促起起床活动,督促及协助患者自理个人卫生,必要适当的个人卫生可使患者精神振奋。

2. 睡眠护理

抑郁症患者常伴有失眠,以入睡困难、早醒为多见。常表现入睡前忧心忡忡、焦虑不安。此时家人应多在其身边陪伴、安慰及劝导,这样能使患者产生一定的安全感,焦虑情绪也较易消除,对患者的睡眠也会有帮助。抑郁症患者常伴有早醒,自杀的时间多在清晨时分,所以在日常的抑郁症的护理中,对早醒的患者一定要用药物控制,延长其睡眠时间。

18

秋燥综合征

一、疾病简介

立秋之后，天气渐凉，气候干燥。人们在夏季过多的发泄之后，各组织均感水分不足，如受风凉，易引起头痛、流泪、咽干、鼻
塞、咳嗽、胃痛、关节痛等一系列症状，甚至使旧病复发或诱发新病，医学上称之为"秋燥综合征"。老年人对气候变化的适应性和耐受力都较差，这时更应重视预防。

二、常见病因

入秋后，天气逐渐变得干燥起来，"燥"也就成为秋季的主气，中医学称之为"秋燥"。秋燥一般可分为温燥和凉燥。前者一般多见于初秋时节，此时天气尚热，犹有下火之余气，或因久晴无雨，骄阳久晒所致；后者则一般常见于晚秋季节，此时天气凉寒，近于冬寒之凉气。无论是温燥，还是凉燥，都往往会导致人体阴津耗伤，进而出现皮肤干燥和体液丢失等症状，同时燥可伤肺，因而使人在不同程度上感到口、鼻以及皮肤等部位有干燥感。有些人还会出现皮肤干燥、大便干结、烂

101
秋
篇

嘴角、鼻出血、咳嗽等一系列症状。

三、常见症状

（1）唇干舌燥。秋燥入侵时，人体呼吸系统会随之"遭殃"，秋燥不仅会引起唇干舌燥、口渴咳嗽、咽干喉痛，而且还会令呼吸系统免疫力下降，易引发感冒。

（2）大便干结。秋燥还会影响人体的消化系统，引起大便干结症状，给人排便造成痛苦。

（3）皮肤瘙痒。天气变干了后，人会感到浑身不舒服，皮肤严重缺水，而且还会瘙痒脱皮。

（4）鼻燥出血。天气干燥时，很容易导致鼻腔干燥，从而使鼻黏膜缺水、脆弱，如果鼻部受到撞击，就很容易会出血。

四、预防与治疗

1. 预防

（1）多喝水。秋季里，人每日水的摄入量要比其他季节多 500 ml 以上，才能保持肺脏与呼吸道的正常湿润度。因此，秋季水的摄入量要达到 2 000 ml，才能维持人体水电解质的代谢平衡。

（2）饮食以清淡为主。少吃辛辣烧烤、麻辣烫等食品，少吃烘烤的瓜子、花生和煎炸类食品，否则很容易会引起身体上火。

（3）多吃些生津止渴、润喉去燥的新鲜水果。比如，梨子、山楂、甘蔗、苹果、橘子、石榴、葡萄、香蕉、柠檬、柚子等。

（4）多食清热润肺粥。多吃一些具有清热、养肺、滋阴、润燥等养生功效的食物，如银耳莲子粥、银耳百合粥、银耳雪梨粥、百合莲子粥、百合核桃粥、银耳莲子百合粥、山药鸭肉粥等。

2. 常做深吸气锻炼肺部功能

（1）经常按摩鼻部可防伤风、流涕，缓解症状。

（2）常做深吸气，有助于锻炼肺部的功能。每日睡前或起床前，平卧床上，以腹部进行深吸气，再吐气，反复做 20～30 次。需要注意的是，呼吸时要缓慢进行。

（3）常做捶背端坐运动。腰背自然直立，两手握成空拳，反捶脊背中央及两侧，各捶 3 遍。捶背时要闭住呼吸，叩齿 10 次，缓缓吞咽津液数次。捶背时要从下向上，再从上到下反复数次。要加强运动调理，适量运动能够促进血液循环，增强抵抗力。

（4）做耐寒锻炼，如冷水洗脸、冷空气浴、户外步行、打太极拳、骑自行车、跳舞等。但锻炼时要因人而异、量力而行，不可强力而为之。

3. 合理安排作息时间

（1）要注意生活护理。适当洗澡，不要过度：中老年人在秋季洗澡不宜过勤，每周洗 1～2 次为宜，每次不超过半小时，水温不宜过热；不宜用碱性肥皂洗澡,应选用刺激性较小的肥皂等。秋天干燥,可用一些护肤霜、蛇油膏等滋润皮肤,防止干燥失水,可适当地使用空气加湿器来调理一下。另外要戒烟限酒。

(2)注意精神调理。合理安排作息时间,保证充足的睡眠,保持良好状态,以保障机体功能的正常发挥,达到防病健身、延年益寿的目的。一般来说,在阳光明媚的日子里,去户外听虫鸣鸟叫,或看看高山流水等自然景观,可令人心旷神怡,给生活带来活力。

4. 治疗

1)皮肤干燥

(1)表现。皮肤发干发紧、干燥脱屑,甚至出现皮肤起皱、裂口等症状。

(2)应对。洗浴后及时用润肤品滋润保护肌肤,以减少与衣物的摩擦。特别容易干燥的部位,如脸颊、额头、臀部、手足等更应涂润肤品。

2)大便干结

(1)表现。大便干结,排便困难,或出血不止、几天也不排便。

(2)应对。每餐饮食量要足,要尽量吃饱吃好,食物宜粗细搭配,多饮水,多吃生津润肠通便的食物,比如绿叶蔬菜等。可让采取仰卧位,轻轻揉摩脐腹部位数分钟,早晚各进行一次,可以增强肠蠕动能力,从而促进排便。

3)燥咳不止

(1)表现。干咳无痰或少痰,口干舌燥等症状,一般是由于燥热损伤肺阴所致的燥咳症,此时应滋阴润肺。

（2）应对。雪梨 1 个或莲子 10 g,粳米 50 g,百合 2 g,煮粥食之,一天两次。或川贝 1 g 研末,和 1 个雪梨炖熟,加冰糖适量服用,早晚各一次,以润肺滋阴止咳。如伴有发烧、头痛等症状时,应及时去医院治疗。

4）常流鼻血

（1）表现。鼻腔内的黏膜血管丰富且又非常脆弱,燥热的空气容易引起鼻腔干燥而导致毛细血管破裂而出血。

（2）应对。应马上坐下或者躺下,用拇指和示指压住鼻翼两侧,待几分钟后,轻轻松开手指,鼻血大多就可以止住。或让头部保持竖直,将消毒棉卷塞进出血的鼻孔,注意不要插入过深。同时用冷水轻拍后脖颈,也可使用小冰袋冷敷。如果出血不止,应立即去医院处理。

5）常烂嘴角

（1）表现。口角潮红、起疱、皲裂、糜烂、结痂、张口时易出血等症状,有时甚至连吃饭、说话都受影响,此为口角炎,即俗称的烂嘴角。

（2）应对。注意膳食平衡,加强营养补给。多吃富含 B 族维生素的食物,如动物肝脏、肉、禽蛋、牛奶、豆制品、胡萝卜、水果和新鲜绿叶蔬菜等。

秋季多喝养生茶配合蜂蜜，能消除疲劳，生津利尿，解热防暑，杀菌消炎，解毒防病，还有防癌症，降血脂，抗衰老，美容减肥等特殊功效，介绍几种蜂蜜茶。

① 肺热咽痛煮罗汉果。罗汉果有清肺利咽的作用，适用于肺热引起的咽炎、咽喉肿痛。咽喉炎、失音可以喝罗汉果茶，用罗汉果 2 个，去壳切成薄片，用沸水煮 1 分钟后饮用。当伴有咽喉部有异物感时，可以熬罗汉果雪梨汤，准备罗汉果 1 枚洗净，雪梨 1 个去皮核后切成碎块，一起放入锅中，加水适量煎 30 分钟待温加洋槐花蜂蜜；每天 1 剂代茶饮。罗汉果性凉，体质虚寒者慎用。

② 咽痛时痰多试试桔梗。桔梗能宣肺泄邪以利咽喉。急性咽喉肿痛且痰多时，可以泡桔梗甘草茶，取桔梗 12 g，生甘草 6 g，洗净切碎后放入保温杯中，冲入沸水，加盖泡 15 分钟，加洋槐花蜂蜜代茶饮，可冲泡 2 次，每天 1 剂。阴虚火旺、胃溃疡、咯血者不宜用。

③ 慢性咽痛泡胖大海。胖大海可化痰止咳、养阴润肺，适用于风热、肺燥引起的咽痛音哑。慢性咽炎、咽痛声嘶可以喝胖大海桔梗茶，取胖大海 3 枚、桔梗 5 g、蜂蜜适量，将胖大海、桔梗放入杯中，冲入沸水，晾至温热后，根据口味调入槐花蜂蜜浸泡，每天 1 剂。胖大海寒凉且有引起过敏的报道，不可长期服用；风寒、肺肾阴虚引起的咽痛也不宜使用；低血压患者、脾胃虚寒泄泻者慎用。

④ 风热咽痛用金银花。金银花有较好的抗炎、退热作用，适用于急性咽炎。风热感冒伴咽喉红肿疼痛的，用金银花橄榄茶，取金银花 10 g、薄荷 5 g、橄榄 5 枚，金银花及橄榄洗净后加 600 ml 水煮沸，再放入薄荷用小火煮 5 分钟，待温后去渣加洋槐花蜂蜜饮用。金银花性寒，脾胃虚寒者饮用容易腹泻；用金银花泡水，冲泡两三次即可，隔夜后不宜再饮。

五、护理小贴士

（1）保持良好的生活习惯，如按时作息、避免熬夜，定时定量进餐。

（2）饮食要清淡，忌吃油炸食品，多吃清火食物，如新鲜绿叶蔬菜、黄瓜、橙子、绿茶等。

（3）除了多喝水，还要多吃胡萝卜，补充体内必需的 B 族维生素，避免口唇干裂。

（4）吃补药时不宜吃鹿茸、肉桂等燥性很大的食物。

（5）保持平和的心态。心态平和有利于气血通畅，可避免因情绪受到刺激而导致的上火。

肾结石

一、疾病简介

肾结石（calculus of kidney）指发生于肾盏、肾盂及肾盂与输尿管连接部的结石。多数位于肾盂肾盏内，肾实质结石少见。X线平片显示肾区有单个或多个圆形、卵圆形或钝三角形致密影，密度高而均匀。边缘多光滑，但也有不光滑呈桑葚状。肾是泌尿系形成结石的主要部位，其他任何部位的结石都可以原发于肾脏，输尿管结石几乎均来自肾脏，而且肾结石比其他任何部位结石更易直接损伤肾脏，因此早期诊断和治疗非常重要。

根据结石成分的不同，肾结石可分草酸钙结石、磷酸钙结石、尿酸（尿酸盐）结石、磷酸铵镁结石、胱氨酸结石及嘌呤结石6类。

二、常见病因

肾结石的形成，在大多数人是多因素的，肾脏结构的异常、肾内感染、代谢方面异常往往是更重要的基础原因，而不良的饮食结构只是结石形成的一个因素。

1. 高草酸食物

体内草酸大量积存是导致草酸类结石的因

素之一。含草酸较高的食物有菠菜、豆类、葡萄、可可、茶叶、橘子、番茄、土豆、李子、竹笋等，人们普遍爱吃这些食物。

对策：平常少吃高草酸食物外，此外，适当补充维生素 B_6 片，有利于草酸的脱除。

2. 高蛋白质食物

经常过量摄入高蛋白质食物，会使肾脏和尿中的钙、草酸、尿酸增高，如不能及时把多余的钙、草酸、尿酸排出体外，会导致肾结石、输尿管结石。

对策：每天蛋白质摄入量 $1\sim1.2$（g/kg 体重）。早餐或晚餐摄入的鸡蛋和牛奶等，基本满足了机体一天对蛋白质的需求量。适当降低动物性食物的摄入，对预防肾结石发生尤为重要。

3. 高糖食物

虽然糖是机体的重要养分，但高糖饮食可通过提高尿钙的排泄而增加尿路结石的风险，尤其是乳糖，能促进钙吸收，导致草酸钙在体内积存而形成肾结石。摄入糖越多，形成结石的风险越高。另外，摄入糖过量会导致肥胖，肥胖又会增加罹患肾结石的风险。

对策：尽量少食用或不食用纯糖类食物。例如，白糖、红糖或经含有这些糖的饮料和甜点等，主食要做到粗细搭配。

4. 高脂肪食物

肉类尤其是肥肉含脂肪多。脂肪会减少肠道中可结合的钙，增加草酸盐的吸收。特别在出汗多、喝水少，尿量少时，可能会加速肾结石的形成。

对策：少吃肥肉，每日食用油控制在 25 g。夏天要多喝水。吃了油水多的食物时，也要多喝水，以促进排尿，稀释尿液成分，不让草酸盐等成分"抱团结块"，减少肾结石风险。

5. 高嘌呤食物

动物内脏、海产品、浓肉汤、花生、豆角、菠菜等，均含有较多嘌呤成分。嘌呤进入体内新陈代谢后，其最终产物是尿酸。尿酸可促使尿液中草酸盐沉淀。一次过多食用含嘌呤丰富的食物，会导致嘌呤代谢失常，草酸盐在尿中沉积形成尿结石。

对策：痛风患者以及尿酸结石患者，应少吃高嘌呤食品。

6. 高钠食物

当饮食中钠含量高时，会增加尿液中钙的排泄。若钙与草酸、尿酸结合，会增加发生结石的机会。

对策：每日盐摄入量控制在 6 g 以内。肾结石患者应避免高盐食物，如火腿、香肠、咸蛋、酱瓜、豆腐乳、沙茶酱等。

三、常见症状

1. 肾绞痛

当结石在肾盂输尿管交界的部位出现或输

尿管内下降时,会有突发性的犹如刀绞般的疼痛,令人非常难以忍受,这就是肾绞痛。疼痛会从腹部的侧面或者腰部的位置向下扩散至膀胱区、外阴部以及大腿内侧部位。有时还会伴有恶心呕吐、大汗淋漓等表现。

2. 肉眼血尿

出现肉眼血尿主要缘由是黏膜的损伤,因为结石会对黏膜造成较严重的损伤。在患者活动较多的时候,疼痛感和血尿比较容易诱发。当患有结石的同时又并发感染的话,尿液中会有脓细胞的出现。尿急和尿痛等等病症可能也会发生。

3. 发热、寒战和畏寒等全身不适症状

这些症状主要是在肾部有积脓或者发生急性肾盂肾炎时,才会出现的比较明显。身体会感觉到很热,但是对寒冷却比较惧怕,偶尔还会打寒战。当肾脏双侧的上尿路结石或者肾结石都完全梗死的时候,会产生无尿症状。

四、预防与治疗

1. 预防

(1) 每日最少摄入 2 500 ml 液体,排出 1 200 ml 尿液。

(2) 避免摄入过多的钙质,但并非完全禁止;勿服用过多维生素 D。

多喝水

（3）勿进食过多富含草酸盐的食物：如豆类、竹笋、芹菜、巧克力、马铃薯、葡萄、青椒、香菜、菠菜、草莓。茶，特别是红茶含草酸盐最高，其次是普洱茶，绿茶最少。食用菠菜，要事先用开水浸泡，可去除大部分草酸盐；菠菜炖豆腐也不错，可减少草酸盐的摄入。

（4）服用镁及维生素 B_6，可减少 90％的复发率。

（5）进食富含维生素 A 的食物，如猪肝，有助于避免结石复发。

（6）适当运动，可以增加钙在骨骼的沉积，减少肾脏结石。切忌熬夜和精神压力过大。

（7）减少蛋白质的摄入：如肉类、鱼类和植物蛋白类。

（8）减少食盐和维生素 C 的摄入。

（9）含钙结石患者，应少喝牛奶等含钙高的饮食；尿酸盐结石患者，应少吃富含嘌呤的食物，如动物内脏、肉类、啤酒、蘑菇、海鲜、涮羊肉及豆制品等。

2. 治疗

首先应对症治疗。如绞痛发作时用止痛药物，若发现合并感染或梗阻，应根据具体情况先行控制感染，必要时行输尿管插管或肾盂造瘘，保证尿液引流通畅，以利控制感染，防止肾功能损害。同时积极寻找病因，按照不同成分和病因制定治疗和预防方案，从根本上解决问题，尽量防止结石复发。

1) 一般治疗

（1）大量饮水。较小结石有可能受大量尿液的推送、冲洗而排出，尿液增多还有助于感染的控制。

（2）调整饮食。饮食成分应根据结石种类和尿液酸碱度而定。草酸钙结石患者，应避免高草酸饮食，限制菠菜、甜菜、番茄、果仁、可可、巧克力等食物的摄入。对特发性高钙尿患者应限制钙摄入。低盐饮食，控制钠摄入。高尿酸者要吃低嘌呤饮食，避免吃动物内脏，少食鱼和咖啡等。

（3）去除诱因。对于病理性因素所导致的尿路结石，还应积极治疗原发病。积极治疗形成结石的原因，防止结石形成和复发。

2) 对症治疗

（1）解痉止痛。M 型胆碱受体阻断剂，可以松弛输尿管平滑肌，缓解痉挛，肌内注射黄体酮可以抑制平滑肌的收缩而缓解痉挛，对止痛和排石有一定的疗效；钙离子阻滞剂硝苯地平，对缓解肾绞痛有一定的作用；α 受体阻滞剂在缓解输尿管平滑肌痉挛，治疗肾绞痛中具有一定的效果。

（2）控制感染。结石引起的尿路梗阻时容易发生感染，感染尿内常形成磷酸镁铵结石，这种恶性循环使病情加重。除积极取出结石解除梗阻外，应使用抗生素控制或预防尿路感染。

（3）消除血尿。明显肉眼血尿时可用羟基苄胺或氨甲环酸。

3）按不同成分和病因治疗

（1）高钙尿。①原发性高钙尿可使用噻嗪类药和枸橼酸钾，吸收性高钙尿除噻嗪类药、枸橼酸钾外，不能耐受该类药物的需用磷酸纤维素钠，有血磷降低者需改用正磷酸盐。②高钙血症积极治疗伴随疾病。当发生高钙血症危象时，需紧急治疗。首先使用生理盐水尽快扩容，使用襻利尿剂呋塞米等增加尿钙排泄；二磷酸盐是主要的治疗高钙血症药物，可以有效抑制破骨细胞活性，减少骨重吸收。患者有原发性甲状旁腺功能亢进并伴有症状性高钙血症或无症状性肾结石时，首选手术切除甲状旁腺。当患者有症状性或梗阻性肾结石，在无高钙血症危象时，首先处理结石。

（2）肾小管酸中毒。主要使用碱性药物减慢结石生长和新发结石形成，纠正代谢失调。

（3）高草酸尿。原发性高草酸尿治疗较困难，可试用维生素 B_6，从小剂量开始，随效果减退而不断加量，同时大量饮水，限制富含草酸的食物，可使尿液的草酸水平降至正常。

（4）高尿酸尿。低嘌呤食物、大量饮水可降低尿内尿酸的浓度。

（5）高胱氨酸尿。适当限制蛋白质饮食，使用降低胱氨酸的硫醇类药物加以治疗。

（6）感染石。根据患者情况将结石取出，选择适宜的抗生素控制尿路感染。

4）外科治疗

疼痛不能被药物缓解或结石直径较大时，应考虑采取外科治疗措施。其中包括：①体外冲击波碎石（ESWL）治疗。②输尿管内放置支架，还可以配合 ESWL 治疗。③经输尿管镜碎石取石术。④经皮肾镜碎石术。⑤腹腔镜切开取石术。

5）急症处理

肾绞痛和感染应立即处理。感染应及时应用抗生素，必要时可行肾穿刺引流。肾绞痛可应用抗胆碱、黄体酮类、钙通道阻断药物。必要时可注射哌替啶镇痛。双侧输尿管结石合并梗阻无尿患者，可考虑立即手术取石。

五、护理小贴士

1. 排石期间需做的事情

（1）多喝水。大约每天喝8～10 杯水，让尿液呈淡黄色或者如水一般澄清。如果患者同时合并有肾脏、心脏或者肝脏方面的疾病或者需要限制饮水，则在饮用更多的水之前，应征求医生意见。

请多喝水

（2）服用止痛药。有些止痛药不需要处方就能买到，如非甾体抗炎药（NSAIDs），包括阿司匹林和布洛芬。注意安全用药。阅读并遵循标签上的说明书服用药物。必要时医生可以开更强效的止痛药。

（3）适当加强跳跃运动。纵向的跳跃运动有助于结石的排出。勿吃富含草酸盐的食物。

2. 注意蛋白质的摄取

肾结石与蛋白质的摄取量有直接的关联。蛋白质容易使尿液里出现尿酸、钙及磷，导致结石的形成。假使你曾患过肾结石，应特别注意是否摄取过量蛋白质，尤其假使你曾有尿酸过多或胱氨酸结石的病历。每天限吃 180 g 的高蛋白食物，这包括肉类、干酪、鸡肉和鱼肉。

3. 少吃盐

如果你有钙结石，应该减少盐分的摄取。应将每日的盐分摄取量减至 2～3 g。

4. 限制维生素 D 的用量

勿服用过多维生素 D，如果你容易形成草酸钙结石，应限制维生素 D 的用量。一天超过 3～4 g，可能增加草酸的制造，因而提高结石的概率。勿摄取高效力的维生素 D 补充物。过量的维生素 D 可能导致身体各部堆积钙质。维生素 D 的每日摄取量最好不要超过 400 IU。

5. 检查胃药

某些常见的制酸剂含高量的钙。假使你患肾结石，同时你也正在服用制酸剂，则应查此药的成分说明，以确定是否含高钙。若含高钙，应改用别的药物。

‖ **20** ‖

扭伤

一、疾病简介

扭伤(sprain)是指四肢
关节或躯体部的软组织(如
肌肉、肌腱、韧带、血管等)
损伤,而无骨折、脱臼、皮肉

破损等情况。临床主要表现为损伤部位疼痛肿
胀和关节活动受限,多发于腰、踝、膝、肩、腕、肘、
髋等部位。

二、常见病因

多由剧烈运动或负重持重时姿势不当,或不
慎跌倒、牵拉和过度扭转等原因,引起某一部位
的皮肉筋脉受损,以致经络不通,经气运行受阻,
瘀血壅滞局部而成。

(1)过度的运动。

(2)运动前没有进行合理的热身。

(3)身体适应性太差。

(4)注意力分散。

三、常见症状

发生关节扭伤后,关节内部受伤部位组织大
量毛细血管破裂,血液迅速渗出,形成局部淤血,

血液越积越多无法排除或自我吸收,形成关节肿胀。同时,由于受损关节的毛细血管处于开放状态,血管通透性增加,渗出液体增加,可能造成受损部位感染发生。

(1) 扭伤肌肉会产生疼痛无法运动到位。

(2) 皮肤产生淤血、擦伤。

(3) 肿胀。

正常情况下,在关节扭伤 24 小时后,大部分毛细血管已停止出血,肿胀不再继续加重,局部损伤产生的淤血和渗出液会被人体缓慢自行吸收,渐渐恢复健康。

危险因素

家政服务及照护者健康锦囊

四、预防与治疗

1. 预防

从医学的角度考虑,预防胜于治疗,主动预防运动损伤与损伤后及时、正确的处理是非常重要的。那么,如何有效预防呢?主要有以下几个方面。

生活中避免各种危险因素,挑选适合的衣服和鞋袜。

(1) 运动前准备活动要充分,选择适宜的场地。

(2) 掌握正确的训练方法和运动技术,科学地增加运动量。

(3) 训练方法要合理。防止局部负担过重。注意间隔放松。在训练中,每组练习之后为了更快地消除肌肉疲劳，防止由于局部负担过重而出现的运动伤，组与组之间的间隔放松非常重要。

（4）加强易伤部位肌肉力量练习。据统计，在运动实践中，肌肉、韧带等软组织的运动伤最为多见。因此，加强易伤部位的肌肉练习，对于防止损伤的发生具有十分重要的意义。

2. 治疗

（1）急性期。首先要区分伤势轻重。一般来讲，如果活动时扭伤部位虽然疼痛，但并不剧烈，大多是软组织损伤，可以自己医治。如果活动时有剧痛，不能站立和挪步，疼在骨头上，扭伤时有声响，伤后迅速肿胀等，是骨折的表现，应马上到医院诊治。

总的来说，当发生运动伤害时，最好要马上处理。处理的原则有 5 项，简称为 P. R. I. C. E.：保护（Protection）、休息（Rest）、冰敷（Icing）、压迫（Compression）和抬高（Elevation）。

（2）保护。目的是不要引发再次伤害。

（3）休息。休息是修复日常扭伤的关键。可能在受伤一两天内都需要避免让受伤的部位负重。这时拐杖就可以派上用场了。如果扭伤加重，可能需要接受理疗。医生会根据受伤类型推荐最好的治疗方案。但不管怎样，再恢复运动都需要缓慢的过程。

（4）冰敷。冷敷可以缓解水肿和疼痛。处理24 小时之内的轻微损伤，可以用冷敷袋每隔 20～30 分钟冷敷一次。也可把小冰块装进袋子里，为

了防止冻伤再裹上一层毛巾就可以冷敷了。受伤的最初 24 小时切记不要热敷，因为可能会加重肿胀。24 小时之后，热敷就可以起到缓解肌肉紧张和减轻疼痛的作用了。

（5）压迫。对受伤部位加压包扎可以消肿。受伤的头两天，要用加压绷带包裹受伤部位。有关加压绷带选择和使用的专业知识，需要请教专业的医生，不可擅自包扎。

（6）抬高。抬高受伤的部位可以帮助消肿，所以如果可能的话，保持让受伤的部位高于心脏。重力可以促进血液回流，帮助降低水肿的程度，减小肿胀带来的压迫。

如果做了上述处理，几天后疼痛和水肿依然严重的话，最好去看医生。剧烈疼痛、不能站立、出现麻木感、无力感，或者关节脱位的情况都应该及时去看医生。

（7）亚急性期。此期可开始接受物理治疗，主要为超音波与经皮电刺激治疗，患者居家患部可泡热水，在水中不痛范围内轻轻活动 5 分钟，随后泡冷水于水中静止 1 分钟，如此反复冷热交替。平时走路最好穿上护踝。这时可以进行一些药物治疗。

伤处可贴膏药或者敷消肿散（芙蓉叶 30 g、赤小豆 10 g、芒硝粉 3 g，研成细末，加蜜或白酒调成糊状，敷在患处，2～3 天换 1 次）同时还可内服跌打丸。在敷药前可按摩伤处，用双手拇指轻轻揉动，揉动方向是从下至上，这样既能止痛又能消肿。

（8）慢性期。可开始小步慢跑，或者活动扭伤部位。最好穿护踝再跑，更可练习跑八字，但对踝关节扭伤来说还不能跳。一般而言跳上去没事，下来时很容易再扭到。即使治疗得当，最好也要等6周再渐渐恢复原来运动量。在此之前锻炼小腿足外翻肌肉，是确保不再扭到的关键。

五、护理小贴士

（1）判断伤势。关节扭伤后首要是停止其他活动，安静观察受伤关节，判断伤势如何，如有无破损、出血甚至骨折。如果发现

伤势严重，应及时呼叫"120"或自行送到医院拍X片检查。

（2）制动、冷敷、不乱揉乱按。倘若只是单纯地红肿胀痛，没有明显出血和骨折，应抬高患肢，促进静脉回流，改善局部血液循环，减轻局部水肿；求助身边的人帮忙拿来冰袋、冰矿泉水或者湿冷毛巾进行局部冷敷止痛、降温消肿。

冰敷时建议不要用冰物体直接接触皮肤，尽量用毛巾或布条包裹冰块敷在肿胀处，每次冷敷15～20分钟，隔1～2小时重复一次，直至肿胀不再加重为止。同时，切勿以"化瘀"之名乱揉乱按，

反而会造成软组织二次伤害,加重红肿。

（3）间断热敷。关节扭伤 24～48 小时后,等到受伤部位肿胀没有持续加重、疼痛稍微缓解,再进行局部热敷为宜。热敷每次 15～20 分钟,每天 1～3 次,湿热毛巾温度为 40℃左右,不可过热以免烫伤皮肤。热敷有利于促进淤血和渗出液被重吸收,消肿并加快恢复。此时,可适当对肿胀部位进行轻揉以辅助化瘀。

（4）后期康复不能少。扭伤后根据病情轻重 1～3 周内应尽量减少活动。当局部肿胀消除,疼痛明显缓解时,可适当由小幅度到大幅度、由无负重到有负重循序渐进地进行关节锻炼,以促进关节康复愈合。千万不要怕痛就不动了,反而会造成关节僵硬、肌肉韧带退化可能。

冬篇

小至
天时人事日相催　　冬至阳生春又来
刺绣五纹添弱线　　吹葭六管动浮灰
岸容待腊将舒柳　　山意冲寒欲放梅
云物不殊乡国异　　教儿且覆掌中杯
——杜甫

21

慢性支气管炎

一、疾病简介

慢性支气管炎由急性支气管炎转变而成。本病多发生在中年人年龄组,病程缓慢,多数隐潜起病,初起在寒冷季节发病。出现咳嗽及咳痰的症状,尤其是清晨最明显,痰呈白色黏液泡沫状,黏稠不易咯出,在感染或受寒后则症状迅速加剧,痰量增多,黏度增大或呈黄色脓性。有时咳痰中可带血,随着病情发展,终年均有咳嗽、咳痰,而以秋冬为剧。本病早期多无特殊体征,大多数在肺底部可听到干湿啰音,有时咳嗽或咳痰后消失,长期发作者可导致肺气肿。

二、常见病因

正常情况下,呼吸道具有完善的防御功能,对吸入的空气可发挥过滤加温和湿化的作用。气道黏膜表面的纤毛运动和咳嗽反射等借此可清除气道中的异物和病原微生物。下呼吸道还存在分泌型 IgA,有抗病原微生物的作用,因此下呼吸道一般能保持净化状态。全身或呼吸道局部防御和免疫功能减退(尤其是老年人)则极易罹患慢性支气管炎且反复发作而不愈。

(1)吸烟。吸烟为本病发病的主要因素。香

烟烟雾还可使毒性氧自由基产生增多,诱导中性粒细胞释放蛋白酶抑制抗蛋白酶系统,破坏肺弹力纤维,诱发肺气肿的发生。研究表明,吸烟者慢性支气管炎的患病率较不吸烟者高 2～8 倍,烟龄越长烟量越大患病率亦越高。

(2)大气污染。有害气体如二氧化硫、二氧化氮、氯气及臭氧等对气道黏膜上皮均有刺激和细胞毒作用。

(3)感染因素。感染是慢性支气管炎发生和发展的重要因素之一。病毒支原体和细菌感染为本病急性发作的主要原因。

(4)过敏因素。喘息型慢性支气管炎患者多有过敏史,对多种过敏源激发的皮肤试验,阳性率亦较高。

(5)其他。慢性支气管炎急性发作于冬季较多,因此气象因子应视为发病的重要因素之一。寒冷空气可刺激腺体分泌黏液增加和纤毛运动,减弱、削弱气道的防御功能,还可通过反射引起支气管平滑肌痉挛、黏膜血管收缩、局部血循环障碍,有利于继发感染。

三、常见症状

(1)咳嗽。一般晨间咳嗽为主,睡眠时有阵咳或排痰。

（2）咳痰。一般为白色黏液和浆液泡沫性，偶可带血。清晨排痰较多，起床后或体位变动可刺激排痰。

（3）喘息或气急。喘息明显者常称为喘息性支气管炎，部分可能合伴支气管哮喘。若伴肺气肿时可表现为劳动或活动后气急。

早期多无异常体征。急性发作期可在背部或双肺底听到干、湿啰音，咳嗽后可减少或消失。如合并哮喘可闻及广泛哮鸣音并伴呼气期延长。

四、预防与治疗

1. 预防

部分患者可控制，不影响工作、学习；部分患者可发展成阻塞性肺疾病，甚至肺心病，预后不良。应监测慢性支气管炎的肺功能变化，以便及时选择有效的治疗方案，控制病情的发展。

2. 治疗

1）急性加重期的治疗

（1）控制感染：抗菌药物治疗可选用喹诺酮类、大环类酯类、β内酰胺类口服，病情严重时静脉给药。如左氧氟沙星，阿奇霉素，如果能培养出致病菌，可按药敏试验选用抗菌药。

（2）镇咳祛痰。可试用复方甘草合剂，也可加用祛痰药溴己新，盐酸氨溴索，干咳为主者可用镇咳药物,如右美沙芬等。

(3)平喘:有气喘者可加用解痉平喘药,如氨茶碱,或用茶碱控释剂,或长效 β2 激动剂加糖皮质激素吸入。

2)缓解期治疗

(1)戒烟,避免有害气体和其他有害颗粒的吸入。

(2)增强体质,预防感冒,也是防治慢性支气管炎的主要内容之一。

五、护理小贴士

茶从一开始就是以其独特的医药保健作用而引人注目,而后才逐渐成为日常饮料。药茶即茶剂,是指以含有茶或不含茶的药物经加工而成的制剂,在应用时多采取沸水浸泡取汁服或加水煎汁服,可随时代茶饮而起到治疗作用。

药茶是中医学宝库中一个重要组成部分,其应用历史非常悠久,历代医书中均有记载,最早记载药茶方剂的是三国时期的张揖所著的《广雅》:"荆巴间采茶作饼成米膏出之。若饮,先炙令赤……其饮醒酒。"此方具有配伍、服法与功效,当属于药茶方剂无疑。

现代人生活节奏快,工作压力大,加上环境污染等因素,极易出现免疫力下降、疲劳、"三高"等亚健康状态。人们也深知保持身体健康的重要,毕竟身体是事业的基础,一旦失去了健康,就会失去工作、失去职位、失去朋友、给自己和家庭带来痛苦,给社会增加负担。中医学认为,人出生后就要注意养生才能健康一生。现代医学研究也表明,人的免疫功能 20 岁时最强,30 岁就开始下降,因此养生要趁早。

特别是对于支气管炎,茶疗养生尤为重要,适合的茶疗有古方甘贝草茶,甘贝草茶传承古老茶疗养生之精髓,采用各种天然草本为主要原料精配而成。它的营养价值很高,有补中气、清肺解热的功效。对慢性支气管炎,经常性咳嗽、咳痰或伴有喘息有很大的药用价值。

22

慢性阻塞性肺疾病

一、疾病简介

慢性阻塞性肺疾病是一种常见的以持续气流受限为特征的疾病,气流受限进行性发展,与气道和肺脏对有毒颗粒或气体的慢性炎性反应增强有关。可进一步发展为肺心病和呼吸衰竭的常见慢性疾病。与有害气体及有害颗粒的异常炎症反应有关,致残率和病死率很高,全球 40 岁以上人群发病率已高达 9%～10%。

二、常见病因

确切的病因尚不清楚,可能与以下因素有关。

(1)吸烟。重要的发病因素,吸烟时间越长,吸烟量越大,慢性阻塞性肺疾病的患病率就越高。

(2)职业粉尘和化学物质。烟雾、过敏原、工业废气及室内空气污染等,浓度过大或接触时间过长,均可导致与吸烟无关的慢性阻塞性肺疾病。

(3)空气污染。二氧化硫、二氧化氮、氯气等有害气体可损伤气道黏膜,为细菌感染创造条件。

(4)感染。慢性阻塞性肺疾病发生发展的重要因素之一,长期、反复的感
染可使气道正常的防御功能
遭到破坏,损伤细支气管和
肺泡。

（5）其他。身体的内在因素如呼吸道防御功能及免疫功能降低、遗传因素、气道反应性增高、在怀孕期、新生儿期、婴儿期或儿童期由各种原因导致肺发育或生长不良。

三、常见症状

（1）咳嗽、咳痰。慢性咳嗽常为最早出现的症状,随病程发展可终身不愈,常晨间咳嗽明显,夜间有阵咳或排痰。咳痰一般为白色黏液或浆液性泡沫痰,偶可带血丝,清晨排痰较多。急性发作期痰量增多,可有脓性痰。

（2）气短或呼吸困难。慢性阻塞性肺疾病的主要症状,早期在劳力时出现,后逐渐加重,以致在日常生活甚至休息时也感到气短。但由于个体差异常,部分人可耐受。

（3）喘息和胸闷。部分患者特别是重度患者或急性加重时出现的。

四、预防与治疗

1. 预防

1）戒烟

（1）吸烟是导致慢性阻塞性肺疾病的主要危险因素,不去除病因,单凭药物治疗难以取得良好的疗效。因此,阻止慢性阻塞性肺疾病发生和进展的关键措施是戒烟。

（2）减少职业性粉尘和化学物质吸入。对于从事接触职业粉尘的人群,如：煤矿、金属矿、棉纺织业、化工行业及某些机械加工等工作人员应做好劳动保护。

（3）减少室内空气污染。避免在通风不良的空间燃烧生物燃料,如烧柴做饭、在室内生炉火取暖、被动吸烟等。

（4）防治呼吸道感染。积极预防和治疗上呼吸道感染。秋冬季节注射流感疫苗；避免到人群密集的地方；保持居室空气新鲜；发生上呼吸道感染应积极治疗。

（5）加强锻炼。根据自身情况选择适合自己的锻炼方式,如散步、慢跑、游泳、爬楼梯、爬山、打太极拳、跳舞、双手举几斤重的东西,在上举时呼气等。

（6）呼吸功能锻炼。慢性阻塞性肺疾病患者治疗中一个重要的目标是保持良好的肺功能,只有保持良好的肺功能才能使患者有较好的活动能力和良好的生活质量。因此,呼吸功能锻炼非常重要。患者可通过做呼吸瑜伽、呼吸操、深慢腹式阻力呼吸功能锻炼(可借助于肺得康)、唱歌、吹口哨、吹笛子等进行肺功能锻炼。

2）耐寒能力锻炼

耐寒能力的降低可以导致慢性阻塞性肺疾病患者出现反复的上呼吸道感染，因此耐寒能力对于慢性阻塞性肺疾病患者显得同样很重要。患者可采取从夏天开始用冷水洗脸；每天坚持户外活动等方式锻炼耐寒能力。

2. 治疗

1）稳定期治疗

（1）可采用非药物治疗。戒烟，运动或肺康复训练，接种流感疫苗与肺炎疫苗；理疗、高压负离子氧疗等。

（2）饮食调节。多吃水果和蔬菜，可以吃肉、鱼、鸡蛋、牛奶、豆类、荞麦。吃饭时少说话，呼吸费力吃得慢些。胖的要减肥，瘦的要加强营养，少食多餐。

（3）长期家庭氧疗。坚持长期家庭氧疗，可以明显提高生活质量和劳动能力，延长生命。每天吸氧 10～15 小时，氧流量 2 L/min（氧浓度 29％）。注意供氧装置周围应严禁烟火，防止氧气燃烧爆炸；导管可以每天更换，防止堵塞；氧疗装置应定期更换、清洁、消毒。有条件者最好购置制氧机。

（4）药物治疗。现有药物治疗可以减少或消除患者的症状、提高活动耐力、减少急性发作次数和严重程度以改善健康状态。吸入治疗为首选，教育患者正确使用各种吸入器，向患者解释治疗的目的和效果，有助于患者坚持治疗。①支气管舒张药物 β_2 受体激动剂（沙丁胺醇）、胆碱能受体阻断剂（异丙托溴铵）和茶碱类（茶碱缓释片）。②祛痰和镇咳祛痰剂仅用于痰黏难咳者，不推荐规则使用。镇咳药可能不利于痰液引流，应慎用。

2）急性加重期治疗

（1）根据病情的严重程度决定门诊或住院治疗。

（2）支气管扩张剂吸入短效的支气管扩张剂，如异丙托溴铵、沙丁胺醇。

（3）抗感染药物根据病原菌种类以及药物敏感试验选择。

五、护理小贴士

1. 呼吸肌锻炼

（1）腹式呼吸法。①体位：取立位、坐位或平卧位，初学时，半卧位容易掌握，半卧时两膝半屈。②方法：两手分别放于前胸部和上腹部，用鼻缓慢吸气时，腹部松弛（腹部手感向上抬起）胸部手在原位不动，抑制胸廓运动；呼气时，腹部收缩（腹部手感下降）。

（2）缩唇呼气法。呼气时腹部内陷，胸部前倾，将口缩小（呈吹口哨状），尽量将气呼出。吸气和呼气时间比为 1∶2 或 1∶3，尽量深吸慢呼，每分钟 7～8 次，每次锻炼 10～20 分钟，每天锻炼 2 次。

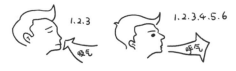

2. 注意饮食

高热量、高蛋白、高维生素、清淡、易消化饮食；二氧化碳潴留患者适当控制糖类的摄入量，以免加重病情；少食多餐，避免油腻、辛辣和易产气食物（如汽水、啤酒、豆类、马铃薯等），以免腹部饱胀，影响呼吸。便秘者，应多进食富含纤维素的蔬菜和水果，保持大便通畅，避免用力排便。心、肝、肾功能正常的患者每日饮水 1 500 ml 以上。

23

冻疮

一、疾病简介

冻疮是寒冬或初春季节时由寒冷引起的局限性皮肤炎症损害。经常发生在肢体的末梢和暴露的部位,如手、足、鼻尖、耳边、耳垂和面颊部。

二、常见病因

寒冷是冻疮发病的主要原因。其发病原因是冻疮患者的皮肤在遇到寒冷(0～10℃)、潮湿或冷暖急变时,局部小动脉发生收缩,久之动脉血管麻痹而扩张,静脉淤血,局部血液循环不良而发病。此外,患者自身的皮肤湿度、末梢微血管畸形、自主性神经功能紊乱、营养不良、内分泌障碍等因素也可能参与发病。缺乏运动、手足多汗潮湿、鞋袜过紧及长期户外低温下工作等因素均可使冻疮的发生。

三、常见症状

冻疮好发于初冬、早春季节,常伴有肢体末端皮肤发凉、肢端发绀、多汗等表现。皮损好发于手指、手背、面部、耳郭、足趾、足缘、足跟等处,常两侧分布。常见损害为局限性、淤血性、暗紫红色隆起的水肿性红斑,境界不清,边缘呈鲜红色,表面紧张有光泽,质柔软。局部按压可褪色,去压后红色逐渐恢复。严重者可发生水疱,破裂形成糜烂或溃疡,愈后存留色素沉着或萎缩性瘢痕。痒感明显,遇热后加剧,溃烂后疼痛。

四、预防与治疗

1. 预防

(1)加强适合自身条件的体育锻炼,如跳舞、跳绳等活动,或利用每天洗手、脸、脚的间隙,轻轻揉擦皮肤,至微热为止,以促进血液循环,消除微循环障碍,达到"流通血脉"的目的。

(2)温差水泡,取一盆15℃的水和一盆45℃的水,先把手脚浸泡在低温水中5分钟,然后再浸泡于高温水中,如此每天重复3次,可以锻炼血管的收缩和扩张功能,减少冻疮的发生。

(3)注意防冻、保暖防止潮湿,不穿过紧鞋袜;

(4)受冻后不宜立即用热水浸泡或取火烘烤;未破皮损可外冻疮膏、维生素E软膏等,促进血液循环。还可外用糖皮质激素软膏。如已破溃,则外用抗生素软膏,促进溃疡愈合。

(5)对反复发作冻疮者,可在入冬前用亚红斑量的紫外线或红外线照射局部皮肤,促进局部血液循环。

2. 治疗

治疗冻疮主要是改善局部微循环,提高组织

御寒能力,使患者能度过寒潮的侵袭,整个冬天不发或轻发,以减少损害期,增加修复期,使来年不复发。未破溃者可外用复方肝素软膏、多磺酸黏多糖乳膏(喜辽妥)、维生素 E 软膏等。可用桂附煎药液浸泡患处,每日 3 次,每次 20～30 分钟,边浸边用药渣揉搓患处。方药组成:桂枝、红花、附子、紫苏叶、荆芥各 20 g,加水 3 000 ml,煎沸,稍冷后用。已破溃者外用 5％硼酸软膏、1％红霉素软膏等。

五、护理小贴士

本病病程慢性,气候转暖后渐愈,但易复发,可学习按摩防治冻疮法。

(1)搓摩法。用手指或手掌反复搓摩耳朵、手足等冻疮易发部位。

(2)捏拿法。用拇指和食指轻捏耳垂和耳溃。

(3)叩击法。用拳轻轻叩击手背、脚背等冻疮易发部位或轻度冻伤部位,每日 3 次,每次 10 分钟,已溃烂者忌用。

24

腰椎间盘突出

一、疾病简介

腰椎间盘突出症是较为常见的疾患之一，主要是因为腰椎间盘各部分（髓核、纤维环及软骨板），尤其是髓核，有不同程度的退行性改变后，在外力因素的作用下，椎间盘的纤维环破裂，髓核组织从破裂之处突出（或脱出）于后方或椎管内，导致相邻脊神经根遭受刺激或压迫，从而产生腰部疼痛，一侧下肢或双下肢麻木、疼痛等一系列临床症状。腰椎间盘突出症以腰 4～5、腰 5～骶 1 发病率最高，约占 95%。

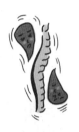

二、常见病因

（1）腰椎间盘的退行性改变是基本因素。髓核的退变主要表现为含水量的降低，并可因失水引起椎节失稳、松动等小范围的病理改变；纤维环的退变主要表现为坚韧程度的降低。

（2）损伤。长期反复的外力造成轻微损害，加重了退变的程度。

（3）椎间盘自身解剖因素的弱点。椎间盘在成年之后逐渐缺乏血液循环，修复能力差。在上述因素作用的基础上,某种可导致椎间盘所承受压力突然升高的诱发因素,即可能使弹性较差的髓核穿过已变得不太坚韧的纤维环,造成髓核突出。

(4)腰骶先天异常。包括腰椎骶化、骶椎腰化、半椎体畸形、小关节畸形和关节突不对称等。

(5)诱发因素。常见的诱发因素有增加腹压、腰姿不正、突然负重、妊娠、受寒和受潮等。

三、常见症状

(1)腰痛。大多数患者最先出现的症状,发生率约91%,有时可伴有臀部疼痛。

(2)下肢放射痛。绝大多数患者是腰 4～5、腰 5～骶 1 间隙突出,表现为坐骨神经痛。典型坐骨神经痛是从下腰部向臀部、大腿后方、小腿外侧直到足部的放射痛,在打喷嚏和咳嗽等腹压增高的情况下疼痛会加剧。

(3)马尾神经症状。向正后方突出的髓核或脱垂、游离椎间盘组织压迫马尾神经时主要表现为大、小便障碍,会阴和肛周感觉异常。

四、预防与治疗

1. 预防

腰椎间盘突出最重要的原因是本身的退变和外伤。因此,如何延迟腰椎间盘的退变,以及避免外伤是预防突出的根本途径。

（1）加强腰背肌的锻炼。两侧强有力的腰背肌可以稳定脊柱、防止腰背部的软组织损伤和劳损、减轻腰椎的负荷、增加局部的血液循环、减慢腰椎间盘退变的过程。

（2）改善工作环境，注意劳动姿势。某些需要长期弯腰的，腰椎间盘承受的压力较一般站立时增加 1 倍。如果从井中弯腰提水，则压力增加更高。长期坐位工作的劳动者，如司机等，腰背痛的发病率较高。如何注意劳动的姿势，劳动过程中坚持适当活动，做工间操，对腰椎间盘突出的预防有所帮助。

（3）劳动部门应有适当的有关规定，限制劳动者的最大负，避免过度负重加速腰椎间盘的退变。从事剧烈腰部运动的运动员和其他工作者，应当加强腰背部的保护，经常进行健康检查，防止反复受损。

（4）日常生活中应避免过度弯腰的活动，尤其是有腰部劳损者更应注意。需要弯腰取重物时，最好先将膝关节屈曲、蹲下，避免腰部过度弯曲，减轻腰椎负荷，减少椎间盘突出的可能。

（5）睡硬板床，注意保护腰背部，避免湿冷对腰背部的影响。

（6）总之腰椎间盘突出的预防非常重要，在日常生活和劳动中，时时都应予以足够的重视。应当坚持锻炼。只要做到这几点，就能有效地预防腰椎间盘突出。

2. 治疗

1）非手术疗法

腰椎间盘突出症大多数患者可以经非手术

治疗缓解或治愈。其治疗原理并非将退变突出的椎间盘组织回复原位，而是改变椎间盘组织与受压神经根的相对位置或部分回纳，减轻对神经根的压迫，松解神经根的粘连，消除神经根的炎症，从而缓解症状。非手术治疗主要适用于：①年轻、初次发作或病程较短者；②症状较轻，休息后症状可自行缓解者；③影像学检查无明显椎管狭窄。

（1）绝对卧床休息初次发作时，应严格卧床休息，强调大、小便均不应下床或坐起，这样才能有比较好的效果。卧床休息3周后可以佩戴腰围保护下起床活动，3个月内不做弯腰持物动作。此方法简单有效，但较难坚持。缓解后，应加强腰背肌锻炼，以减少复发的概率。

（2）牵引治疗采用骨盆牵引，可以增加椎间隙宽度，减少椎间盘内压，椎间盘突出部分回纳，减轻对神经根的刺激和压迫，需要专业医生指导下进行。

（3）理疗和推拿、按摩可缓解肌肉痉挛，减轻椎间盘内压力，但注意暴力推拿按摩可以导致病情加重，应慎重。

（4）皮质激素硬膜外注射皮质激素是一种长效抗炎剂，可以减轻神经根周围炎症和粘连。一般采用长效皮质类固醇制剂＋

2%利多卡因行硬膜外注射,每周一次,3次为一个疗程,2~4周后可再用一个疗程。

2)手术治疗

手术适应证:①病史超过3个月,严格保守治疗无效或保守治疗有效,但经常复发且疼痛较重者;②首次发作,但疼痛剧烈,尤以下肢症状明显,患者难以行动和入眠,处于强迫体位者;③合并马尾神经受压表现;④出现单根神经根麻痹,伴有肌肉萎缩、肌力下降;⑤合并椎管狭窄者。

五、护理小贴士

1. 功能锻炼(在医护人员的正确指导下作以下锻炼)

(1)双下肢踩单车样功能锻炼。

(2)五点支撑法。仰卧硬板薄软垫床,用

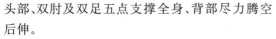

头部、双肘及双足五点支撑全身、背部尽力腾空后伸。

(3)三点支撑法。仰卧硬板床,双臂置于胸前,用头、双足三点支撑全身,背部腾空后伸。此法一般在术后第3周开始练功。以上两种锻炼方法每天2~3次,每次50下,循序渐进逐渐增加次数。

(4)飞燕式。俯卧位,双上肢靠身旁伸直,把头、肩带动双上肢向后上方抬起,双下肢直腿向后上方抬高,进而两个动作合并同时进行成飞燕状。

2. 日常护理

（1）注意多卧床休息，宜卧硬板床或加薄软垫床，目的可以减轻体重对椎间盘的压力，减轻疼痛。

（2）注意腰部保暖，腰部受寒、受潮很容易使症状加重或复发，患者可以选择既制动又保暖、透气、不积汗的高性能康复护腰来保护腰部。另外，避免从事超负荷的工作，劳逸结合，注意姿势的正确：如弯腰提重物，长时间弯腰工作，勿做急蹲、急弯腰、急转身等动作。

（3）注意生活姿势，避免长时间维持在某一姿势，尤其是坐位。坐矮凳时腰部受力大，对有腰痛者不宜。正确的站立姿势应该是两眼平视，挺胸，直腰，两腿直立，两足距离约与骨盆宽度相同，这样全身重力均匀地从脊柱、骨盆传向下肢，再由两下肢传至足，以成为真正的"脚踏实地"，可有效地防止髓核再次突出。站立不应太久，应适当进行原地活动，尤其是腰背部活动，以解除腰背部肌肉疲劳；正确的坐姿应是上身挺直，收腹，双腿膝盖并拢，如有条件，可在双脚下垫一踏脚或脚蹬，使膝关节略微高出髋部。久坐之后也应活动一下，放松下肢肌肉。

（4）加强肌肉锻炼，持之以恒。腰椎间盘突出症患者在急性期应该静养，不宜运动。在病情稳定后可以配以体操等适度的运动。在坚持合适的方法、正确的姿势、循序渐进的原则上，持之以恒,针对腰部进行适当的康复体操运动。腰背肌肉锻炼的动作有三点支撑、五点支撑、飞燕式等,游泳对腰痛者尤其有效。其他的运动如广播操、太极拳、慢跑等均有利于腰背部肌肉康复。

（5）注意护腰,椎间盘突出症治疗出院后,半年内应避免重体力劳动,激烈体育运动和日常生活中弯腰提重物、做矮凳和长途旅游。必要时佩戴腰围、宽腰带等护具,但长期使用会产生依赖型和腰肌萎缩。

3. 饮食指导

（1）饮食中注意补充钙、镁、维生素 D 以及 B 族维生素等。含钙丰富的食物如奶类、豆类、小虾米、海带等。

（2）多吃富含维生素和纤维素的食物,如蔬菜水果,以保持大便通畅。肉及脂肪量较高的食物尽量少吃,因其易引起大便干燥,排便用力可导致病情加重。

（3）如有咳喘病史,应少吃或不吃辣椒等刺激性食物,以免引起咳喘而使腰腿痛症状加重。

（4）应限制饮食,保持体重,避免过胖。

‖25‖

短暂性脑缺血发作

一、疾病简介

短暂性脑缺血发作是指由于颅内血管病变引起局灶性脑缺血出现突发的、短暂性、可逆性神经功能障碍。发作持续 10～15 分钟,通常在 1 小时内恢复,最长不超过 24 小时,可反复发作,无后遗症。

二、常见病因

关于短暂脑缺血发作的病因和发病原理,目前仍有争论。多数认为短暂性脑缺血发作是一种多病因的综合征,与以下问题相关。

(1)脑动脉粥样硬化。短暂性脑缺血发作的主要病因。坏死性粥样斑块物质可排入血液而造成栓塞,溃疡处可出血形成血肿,使小动脉管腔狭窄甚至阻塞,使血液供应发生障碍。

(2)微栓塞。主动脉和脑动脉粥样硬化斑块的内容物及其发生溃疡时的附壁血栓凝块的碎屑,可散落在血流中成为微栓子,可造成微栓塞,引起局部缺血症状。当微栓子经酶的作用而分解,或因栓塞远端血管缺血扩张,使栓子移向血液末梢,则血供恢复,症状消失。

（3）心脏疾病。心脏疾病是脑血管病第 3 位的危险因素。各种心脏病如风湿性心脏病、冠状动脉粥样硬化性心脏病、高血压性心脏病以及可能并发的各种心脏损害如心房纤维颤动、心功能不全、细菌性心内膜炎等,这些因素通过对血流动力学影响及栓子脱落增加了脑血管病的危险性,特别是缺血性脑血管病的危险。

（4）血流动力学改变。急速的头部转动或颈部屈伸,可改变脑血流量而发生头晕,严重的可触发短暂脑缺血发作。

（5）其他。颈部动脉受压、扭结、血液黏稠度增高等。

三、常见症状

1. 发病特点

发作突然,多在体位改变、活动过度、颈部突然转动或屈伸等情况下发病。历时短暂,一般 10～15 分钟,多在 1 小时恢复,不超过 24 小时;发病无先兆,有一过性的神经系统定位体征,一般无意识障碍;完全恢复,无后遗症;可反复发作,刻板出现（发作时表现一致）。

2. 短暂性脑缺血发作的症状与血管受累的部位有关

（1）颈内动脉系统短暂性脑缺血发作主要表现:单眼突然出现一过性黑蒙,或视力丧失,或雾视,视野中有黑点等,持续数分钟可恢复。对侧肢体轻度偏瘫或偏身感觉异常。优势半球受损出现一过性的失语或失用或失读或失写,或同时面肌、舌肌无力。偶有同侧偏盲。其中单眼突然出现一过性黑矇是颈内动脉分支眼动脉缺血的特征性症状。

（2）椎-基底动脉系统短暂性脑缺血发作通常表现：一过性眩晕、头晕、复视、眼球震颤、站立或步态不稳。一过性吞咽困难、饮水呛咳、语言不清或声音嘶哑。一过性单侧肢体或双侧肢体无力、感觉异常。一过性听力下降、交叉性瘫痪、轻偏瘫和双侧轻度瘫痪等。

四、预防与治疗

1. 预防

（1）保持心态平衡。长期精神紧张不利于控制血压和改善脑部的血液供应,甚至还可以诱发某些心脑血管病,所以应积极调整自我心态,稳定情绪,培养自己的兴趣爱好。

（2）适当运动。规律的体育活动可以改善心脏功能、增加脑血流量、改善微循环,也可以缓解高血压,控制血糖水平和降低体重。因此,应增加及保持适当的体育运动,如散步、慢跑、踩脚踏车等,注意运动量和运动方式,循序渐进,不可操之过急,做到劳逸结合。

（3）合理饮食。应选择低盐、低脂、充足蛋白质和丰富维生素的饮食，如多食用谷类和鱼类、新鲜蔬菜、水果；少吃糖类和甜食；限制钠盐（<6 g/d）和动物油的摄入；忌辛辣、油炸食物和暴饮暴食；注意荤素搭配、粗细搭配；戒烟酒；控制体重。

2. 治疗

（1）病因治疗。对动脉粥样硬化、高血压、糖尿病、颈椎病、高黏血症、高脂血症等容易引起短暂性脑缺血发作发作的病症，应采取相应治疗措施。

2. 药物治疗

（1）抗血小板凝聚剂。可能减少微栓子的发生，对于预防复发有一定疗效。常用药物有：①阿司匹林（aspirin）肠溶片：首选药物。推荐小剂量使用：50～150 mg/d。可以抑制血小板环氧化酶，有效预防脑血栓形成，降低短暂性脑缺血发作复发，降低病死率。如阿司匹林不能耐受或不能控制发作，则可选用氯吡格雷或培达。②氯吡格雷：50 mg/d。不良反应较小，目前使用该药物的最大障碍是价格昂贵。抗血小板药长期服用均可有出血的不良反应，应定期血常规监测。③西洛他唑（培达）：抗血小板聚集及扩张血管，一天两次，每次 50～100 mg 口服。

（2）抗凝治疗。对于频繁发作的短暂性脑缺血发作，或发作持续时间长，每次发作症状逐渐加重，同时又无明显的抗凝治疗禁忌证者（无出血倾向、无严重高血压、无溃疡性疾病等），可及早进行抗凝治疗，首选肝素。

（3）钙通道阻滞剂。如尼莫地平 20～40 mg，3 次/天。

（4）中医中药治疗常用川芎、丹参、红花等药物。

3. 外科手术和血管内介入治疗

经血管造影确定是由颈部大动脉病变如动脉硬化斑块引起明显狭窄或闭塞者，为了消除微栓塞，改善脑血流量，可考虑外科手术和血管内介入治疗（一般颈动脉狭窄＞70％，有与狭窄相关的神经系统症状）。

五、护理小贴士

（1）该疾病虽然反复发作未产生后遗症但仍要给予高度重视。

（2）本病如未经适当治疗，而任其自然发展，约 1/3 的患者在数年内发生完全性卒中；约有 1/3 经历长期的反复发作而损害脑的功能；约有 1/3 可能出现自然缓解。

（3）短暂性脑缺血发作为脑卒中的一种先兆和警报，对于防治脑血管病至关重要。及早诊断和正确处理短暂性脑缺血发作已被普遍认为是一个关键性的重要环节，如能积极治疗，预后较好。

||| 26 |||

脑梗死

一、疾病简介

脑梗死又称缺血性卒中，中医学称为卒中或中风。包括脑血栓形成、脑栓塞和腔隙性脑梗死等。该疾病系由各种原因所致的脑部血液循环障碍，脑组织缺血、缺氧性病变坏死或钙化，进而产生临床上对应的神经功能缺失的表现。其中脑血栓形成是脑梗死最常见的类型，指颅内外供应脑组织的动脉血管壁发生病理改变，血管腔变狭窄或在此基础上形成血栓，造成大脑局部急性脑血流中断，脑组织缺血、缺氧、软化坏死，常出现偏瘫、失语。

二、常见病因

脑血栓形成的病因基础主要为动脉粥样硬化，因而产生动脉粥样硬化的因素是发生脑梗死最常见的病因。

（1）血管壁本身的病变。最常见的是动脉粥样硬化，且常常伴有高血压、糖尿病、高脂血症等危险因素。其次为脑动脉壁炎症，如结核、梅毒、结缔组织病等。此外，先天性血管畸形、血管壁发育不良等也可引起脑梗死。

（2）血液成分改变。高黏血症、高纤维蛋白原血症、血小板增多症、口服避孕药等均可致血栓形成。

（3）其他。药源性、外伤所致脑动脉夹层及极少数不明原因者。

三、常见症状

本病好发 50～60 岁以上的中、老年人，男性稍多于女性。患者常合并有动脉硬化、高血压或糖尿病。

（1）脑梗死的前驱症状无特殊性，部分患者可能有头昏、一时性肢体麻木、无力等短暂性脑缺血发作的表现。而这些症状往往由于持续时间较短和程度轻微而被患者及家属忽略。

（2）脑梗死发病起病急，多在休息或睡眠中发病，次晨被发现不能说话，一侧肢体偏瘫，其临床症状在发病后数小时或 1～3 天达到高峰，也可表现为症状进行性加重或波动。多数患者意识清楚，少数患者可出现不同程度的意识障碍，持续时间较短。神经系统的症状和体征与闭塞血管供血区域的脑组织及邻近受累脑组织的功能有关。

（3）主要为局灶性神经功能缺损的症状和体征，如偏瘫、偏身感觉障碍、失语、共济失调等。部分可有头痛、呕吐、昏迷等全脑症状。

（4）急性起病的肯定的局灶性神经系统症状或体征：一侧或双侧运动损害，一侧或双侧感觉损害，共济失调，失语，失用，偏盲，复视，凝视麻痹。

（5）伴随的非特异性症状：头晕，眩晕，局部头痛，双眼视物不清，构音障碍，认知障碍（包括精神混乱），意识障碍，痫性发作。

四、预防与治疗

1. 预防

（1）积极运动。适当的锻炼可增加脂肪消耗、减少体内胆固醇沉积，提高胰岛素敏感性，对预防肥胖、控制体重、增加循环功能、调整血脂和降低血压、减少血栓均有益处，是防治脑梗死的积极措施。应根据个人的身体情况选择，应进行适当适量的体育锻炼及体力活动，以不感疲劳为度。不宜做剧烈运动，如快跑、登山等，可进行慢跑、散步、柔软体操、打太极拳等有氧运动。

（2）控制体重。保持或减轻体重，使 BMI 维持在 $18.5 \sim 22.9 \, \text{kg/m}^2$，腰围 $<90 \, \text{cm}$。

（3）戒烟限酒。香烟中含 3 000 多种有害物质，烟中的尼古丁吸入人体内，能刺激自主神经，使血管痉挛，心跳加快，血压升高，血中胆固醇增加,从而加速动脉硬化。

（4）合理饮食。食物多样,谷类为主；多吃桃、橙、香蕉、菠菜、毛豆、甜薯、马铃薯等富含钾的食物,可降低血压,预防中风；缺钙可促使小动脉痉挛,血压升高,每天摄入 1 g 以上的钙,可使血压降低；镁与钙的作用相似,应多吃粗粮、坚果、海藻等富含镁的食物；多吃蔬菜、香蕉、薯类和纤维素多的食物；每天吃奶类、豆类或其制品；常吃适量鱼禽蛋、瘦肉,少吃肥肉、肉皮、蹄；食量与体力活动要平衡,保持适宜体重；吃清淡少盐、少糖膳食,把食盐量降至每天 6 g 左右。

（5）情绪稳定。乐观、稳定的情绪,舒畅、平衡的心态不仅是预防心脑血管病的重要因素,也是实现长寿的关键和秘诀。

（6）合理用药。提高服药依从性,保证有效药物、有效剂量。吃吃停停是脑梗死预防的禁忌,不但效果不好,而且更加危险。

2. 治疗

（1）一旦发病应及时就医,根据病因、临床类型、发病时间等确定针对性的治疗方案。尽早改善脑缺血区的血液循环、促进神经功能恢复。

（2）急性期应尽量卧床休息,加强皮肤、口腔、呼吸道及大小便的护理,防治压疮,注意水电解质的平衡,如起病48～72小时后仍不能自行进食者,应给予鼻饲流质饮食以保障营养供应。应当把患者的生活护理、饮食、其他合并症的处理摆在首要的位置。由于部分脑梗死患者在急性期生活不能自理，甚至吞咽困难，若不给予合理的营养，能量代谢会很快出现问题，这时即使治疗用药再好也难以收到好的治疗效果。

五、护理小贴士

（1）患者发病时应及时就医，大面积脑梗死急性期治疗的关键是控制颅内压，降低脑水肿，防止脑疝形成，促进病变脑组织功能恢复，可及时给予高渗脱水剂，利尿剂等治疗。

（2）饮食方面。鼓励进食，少量多餐；选择软饭、半流质或糊状食物，避免粗糙、干硬、辛辣等刺激性食物；不能进食时给予营养支持或鼻饲。进餐环境保持安静，提供充足的进餐时间，掌握正确的进食方法（如吃饭或饮水时抬高床头，尽量端坐，头稍前倾），避免喂养不当造成患者窒息。另外，吞咽困难的患者不能使用吸水管吸水。

（3）肢体功能康复。保持良好的肢体位置（软枕支持）协助患者翻身（患侧卧位最重要），重视患侧刺激如：鼓励患者床上运动训练、桥式运动、关节被动运动、起坐训练等；恢复期康复训练（如转移动作、坐位、站立、步行、平衡训练）也可综合康复治疗（如针灸、理疗、按摩等）。

（4）语言沟通障碍。注意沟通方法：要提问简单的问题，借助卡片、笔、本、图片、表情或手势沟通，安静的语言交流环境，关心、体贴、缓慢、耐心等。适当语言康复训练：肌群运动、发音、复

述、命名训练等，由少到多、由易到难、由简单到复杂原则，循序渐进。

（6）用药护理。患者服用溶栓抗凝药时，应严格遵循医嘱用药，注意观察有无皮肤及消化道出血倾向；使用扩血管药时，注意血压变化。

附：快速识别中风的方法

1. 国外

"FAST"是国际上快速识别中风的方法，简便实用。FAST就是4个英语单词的开头字母。

F（Face，面部）：观察微笑时面部有无歪斜；

A（Arm，手臂）：双臂平举，观察是否无力垂落；

S（Speech，言语）：有无说话口齿不清；

T（Telephone，打电话）：如有符合上述情况，打急救电话来医院急诊；另外，T也是Time的意思，要尽快抓紧时间到达医院就诊，因为急性脑梗死要求在很短的时间内行溶栓治疗（一般是在发病后4.5小时内）。

2. 国内

中风"120"：中风快速识别和立刻行动。

"1"代表"1看：1张不对称的脸"；

"2"代表"2查：手臂是否有单侧无力"；

"0"代表"聆听"，即"聆(零)听讲话是否清晰"。如通过3步法观察，发现患者疑似中风，可立刻拨打急救电话"120"。

附录

大健康管理

目前,中国有了新的年龄段划分标准,45岁以下为青年,45～59岁为中年,60～74为年轻的老人或老年前期,75～89岁为老年,90岁以上为长寿老年人。中国人的平均寿命较几十年前明显延长,但是一些慢性非传染性疾病的发病率也逐年增加,人的寿命虽然延长了,但是生活质量却呈下降趋势,尤其是进入中年以后。如何提高中国人的整体生活质量已经成为备受关注的社会问题。国家卫生健康委员会以提高全民健康水平为己任,联合各级地方政府推行了一系列健康促进活动,更进一步强调了疾病的早期预防,疾病的预防并非空喊口号,而是体现在公共健康管理和公共安全管理两大方面,其中,公共健康管理包括体检、慢性非传染性疾病的预防、灾害应对;公共安全管理包括食品安全、科学健身、用药安全和睡眠管理。以上健康目标的实现,除了依靠医务人员的辛勤劳作,还要求广大群众摒弃不健康的生活方式,"管住嘴、迈开腿、多读书、少上网",按照专业人员和专业书籍的指导按部就班地管理自己的健康。

健康体检

健康体检是在身体健康时主动到医院或专门的体检中心对整个身体进行检查,主要目的是通过检查发现是否有潜在的疾病,以便及时采取预防和治疗措施。许多自以为健康的中年人健康情况很不乐观,50％以上的中年人不同程度地患有各种慢性非传染性疾病,如糖尿病、高血压、高血脂等。对于健康体检的频率,每个人应该根据自己的年龄、性别、职业、身体状况、家族病史等制订健康体检计划。健康状况良好的青壮年:每1～2年检查一次,检查的重点项目是心、肺、肝、胆、胃等重要器官,以及血压等。体质较差尤其是患有高血压、冠心病、糖尿病、精神疾病和肿瘤等带有遗传倾向类疾病家族史的人,至少每年检查一次。中老年群体患各种慢性非传染性疾病的概率增加,健康体检的间隔时间应缩短至半年左右。特别是步入 60 岁的老年人,间隔时间应在3～4 个月,检查项目由医生酌情决定,但每次都应检查血压、心电图、X 线胸透片和血尿便常规。鉴于糖尿病的发病率近年来显著增高,中老年人尤其是肥胖或有高血压、冠心病病史者,每次应注意检查尿糖及血糖。如果有条件,最好每次都能由固定的医生主持检查,以便全面、系统地掌握受检者的健康状况,对受检者进行保健指导。已婚妇女除进行上述检查外,还应定期(至少每年 1 次)检查子宫和乳腺,以便早期发现妇女多发的宫颈癌和乳腺癌。

慢性非传染性疾病的预防

常见的慢性病主要有心脑血管疾病、癌症、糖尿病、慢性呼吸系统疾病,其中心脑血管疾病包含高血压、脑卒中和冠心病。慢性病的危害主要是造成脑、心、肾等重要脏器的损害,易造成伤残,影响劳动能力和生活质量,且医疗费用极其昂贵,增加了社会和家庭的经济负担。慢性病的发病原因 60% 起源于个体的不健康生活方式,吸烟,过量饮酒,身体活动不足,高盐、高脂等不健康饮食是慢性病发生、发展的主要行为危险因素。除此之外,还有遗传、医疗条件、社会条件和气候等因素的共同作用。保持健康的生活方式是预防慢性非传染性疾病的关键,"合理膳食、适量运动、戒烟限酒、心理平衡"是预防慢性病的十六字箴言。"十个网球"原则颠覆了我们以往的饮食习惯,使我们的饮食更加科学、量化、易于管理,每天食用的肉类不超过 1 个网球的大小、每天食用的主食相当于 2 个网球的大小、每天食用的水果要保证 3 个网球的大小、每天食用的蔬菜不少于 4 个网球的大小。"十个网球"原则已经成为新的健康饮食标准。此外,每天还要加"四个一",即 1 个鸡蛋、1 斤牛奶、1 小把坚果及 1 块扑克牌大小的豆腐。

灾害应对

由于环境污染和人类不合理的开发,自然灾害发生的频率也呈现增加的趋势,地震、海啸、台风、泥石流、恶劣天气等每天都在世界各地轮番上演。自然灾害在给人类生产、生活造成不便外,也带来一系列公共卫生问题。一些传染病经常随着自然灾害的发生伺机蔓延，在抗震救灾的同时，卫生防护工作同样作为灾害应对的重点内容。国家卫生健康委员会每年都会发布各类灾害的公共卫生防护重点。比如，台风后的灾害防病要点为：清理受损的房屋特别是处理碎片时要格外小心；在碎片上走动时，需穿结实的鞋子或靴子，以及长袖衣服，并戴上口罩和手套；被暴露的钉子、金属或玻璃划伤时，应及时就医，正确处理伤口，根据需要注射破伤风针剂；不要生吃被掩埋和洪水浸泡过的食物；不要在密闭的避难所里使用木炭生火和使用燃油发电机，以免由于空气不流通导致一氧化碳中毒。此外，国家卫生健康委员会在全国自然灾害卫生应急指南中就每一种自然灾害都提出了相对应的卫生策略，其共同点是保护水源、食品的卫生，处理好排泄物，做好自身清洁防护工作。灾害无情，每个人参与其中，学会合理应对才能将损失降至最小。

食品安全

食品安全是目前全球关注的话题，因为食品安全是人类安身立命之本，食品不安全也是各种疾病的源头。不健康的饮食不仅会带来高血压、高血脂、糖尿病、肥胖等慢性病，还可能造成一些食源性疾病，包括食物中毒、肠道传染病、人畜共患传染病、寄生虫病等。关于食品安全，国家每年都会出台若干项食品安全标准，并将食品安全上升到立法的高度，形成了《中华人民共和国食品安全法》，严格规范食品添加剂的使用和食品的生产销售流程。作为一名中国公民，我们有责任履行《食品安全法》的规定，从自身做起，不购买、销售、食用存在安全风险的食品，坚持使用有正规渠道的食品，选择绿色健康食品，并非沉迷于宣传广告所说的"有机食品"，形成正确的食品观；除此之外，我们每个人都有监督管理的权利和义务，发现市场上销售和使用安全隐患的食品后，我们可以向食品管理相关部门检举或者投诉，起到规范食品市场、服务公共食品安全的作用。

科学健身

最近两年一股健身热潮席卷全国，健身的本质是各种类型的体育锻炼，体育锻炼不仅有塑身美体的功能，最重要的是，通过体育锻炼可以达到防病治病的功效，尤其是对一些慢性非传染性疾病（高血压、高血脂、糖尿病等）的管理，也经常被用于一些疾病康复期的功能锻炼，如中风、冠心病、心衰等疾病。2018年，国家以"健康中国行-科学健身"为主旨在多个省市举办了百余场不同主题的科学健身运动，目的是向全国人民传达正确的健身理念，促进大家形成科学的健身行为，真正起到强身健体的作用。国家卫生健康委员会推荐：每周运动不少于3次；进行累计至少150分钟中等强度的有氧运动；每周累计至少75分钟较大强度的有氧运动也能达到运动量；同等量的中等和较大强度有氧运动的相结合的运动也能满足日常身体活动量,每次有氧运动时间应当不少于 10 分钟,每周至少有 2 天进行所有主要肌群参与的抗阻力量练习。但是,老年人应当从事与自身体质相适应的运动,在重视有氧运动的同时,重视肌肉力量练习,适当进行平衡能力锻炼,强健肌肉、骨骼,预防跌倒。儿童和青少年每天累计至少 1 小时中等强度及以上的运动,培养终身运动的习惯,提高身体素质,掌握运动技能,鼓励大强度的运动;青少年应当每周参加至少 3 次有助于强健骨骼和肌肉的运动。此外,特殊人群(如婴幼儿、孕妇、慢病患者、残疾人等)应当在医生和运动专业人士的指导下进行运动。

用药安全

"有病乱投医,无病乱吃药"的现象可见于每个年龄段的人群中,尤其多见于老年群体。电视、电脑等各种媒体上为了经济效益鼓吹药品的功效,以保健瓶冒充药物夸大功效,甚至售卖假药,老年群体因为文化程度、理解能力或者急于求成的心理作祟,常常轻信谣言购买和使用假药。屡有新闻曝光老年人因使用广告药品而导致经济损失、身体功能受损,甚至是失去生命的案例。WHO 的一项调查表明,全球每年约有三分之一的患者死于不明原因的用药。仅 2012 年一年,国家药品不良反应监测网络共收到不良反应报道事件 120 多万份,其中中老年患者占 44%。随着老龄化的到来,中国老龄人口的比例逐渐增多,而如何规范老年合理用药是中国亟须攻克的重大难题。因为疾病和个体的差异，不同的药品适用于不同的疾病，在不同的个体中起作用，因此求新求贵的用药观念都是错误的，没有最好的药，只有最适合的药。用药的前提是医生对病情的整体判断，根据老年患者的需求确定或者更改用药方案，老年患者切不可根据自己的理解盲目选择或更改用药剂量。老年人用药的首要误区就是自行停药，尤其多见于高血压患者，造成的不良后果就是反跳性的血压升高，甚至脑血管的破裂。在用药原则上，专家推荐，用药种类尽量少，能用一种药物解决问题，尽量不同时使用多种；用药从小剂量开始；药物方案简单容易遵从；首选副作用小的药物。本原则适用于所有年龄段的群体。但是，专家进一步指出，用药方案每一个阶段的决策应该由专业的医生和药剂师来完成，而非用药者本人。

睡眠管理

睡眠占据人体生命周期的三分之一时间，睡眠的好坏直接关系到人体的生存质量。睡眠障碍是指睡眠量不正常以及睡眠中出现异常行为的表现，也是睡眠和觉醒正常节律性交替紊乱的表现。睡眠不好会对机体产生一系列的危害，导致各种代谢紊乱，如新陈代谢紊乱、躯体（各脏器）的提早衰竭、免疫功能下降、大脑功能减退、内分泌功能紊乱等。长期睡眠不好还会影响心理健康,进一步使机体不能有效地抵抗和战胜疾病尤其要关注老人和儿童的睡眠质量。除了药物的治疗,睡眠质量的提高可以通过生活方式的改善来实现。关于睡眠管理,2017年世界睡眠日的主题是"健康睡眠,远离慢病",国家卫生健康委员会官方网站发布了很多篇关于睡眠管理的专家意见,首先,给自己一个舒适的睡眠空间,床要舒服,卧室内最好悬挂遮光效果好的窗帘,同时把门窗密封工作做好,省得外面的噪声吵到您的休息;然后,冬天气候干燥,在卧室里放一个加湿器会对睡眠起到好的作用。床头边放上一杯水,万一夜里渴了也不用起来找水喝,免得困意全消;其次,睡前不要服用让中枢神经兴奋的药物,咖啡、浓茶、巧克力都是睡前不该选择的食物。也有人认为,喝点酒可以帮助睡眠,其实不然,不少人酒醉睡醒后感到自己浑身无力、头也昏沉沉的,正是酒精使睡眠质量下降了。除了药物和生活方式干预,保持心情舒畅,适当减压也是快速入睡、提高睡眠质量的关键。

身体是革命的本钱,在大健康管理的背景下,国家和政府将更多的精力投入到疾病院前的预防和管理上,促进健康、保持健康、追求健康已经不单单是个体的选择,这份参与和热情已经上升到爱国的高度,建设健康中国、健康城市、健康农村已然是国家的重大政策。尤其是在老龄化社会、亚健康人群增多的背景下,对于全民健康的促进和管理更是一场持久攻坚战。秉持积极投身公益、热心科普、服务社会、惠及民众的原则，上海市老年慢病科普团队以科普系列丛书的形式，以职业人群为划分点，关注公共健康管理和公共安全管理，向大众传播科普知识，期望能够帮助广大职业群体形成健康理念，改善健康行为，养成健康体魄，从而助力健康中国的伟大建设。

医院就诊先知道——看病挂号一览表

症状	挂号科室
眩晕	
头晕与头的位置改变有关,如躺下或翻身头晕	耳鼻喉科
站不稳,眼球乱转,甚至意识不清	神经内科
晕时脖子疼,伴有手脚麻痹症状	骨科
晕时心前区疼痛、心慌,心脏不适	心内科
用眼过度时头晕	眼科
面色苍白	血液科
头痛	
伴有眩晕、耳鸣,或者鼻塞、流涕	耳鼻喉科
一侧头痛,疲劳、紧张时加重	神经内科
外伤引起的头痛	神经外科
肚子疼	
右上腹和右下腹的急性腹痛	普外科
腹泻伴发热	肠道门诊
腹痛伴尿急、尿频、尿痛、血尿	泌尿科
女性,停经后发生急性腹痛	妇科
腹痛伴有反酸、呕吐、腹泻	消化内科
胸痛	
胸口或胸前疼痛,有压迫感,伴有心慌气短	心内科
因骨折等外伤所致,弯腰、侧弯时疼痛加剧	骨科
胸骨后、心脏部位有紧缩感,持续3~5分钟	心内科急诊/胸痛中心

症状	挂号科室
腿疼	
仅某一关节肿、疼	骨科
两侧关节疼同时发作，首发于近端指间关节，休息后加重	风湿免疫科
腿肚肿胀，按压更疼，走路疼，休息能缓解	血管外科/普外科
打呼噜	
睡觉打呼噜，偶尔"暂停"三五秒，甚至因喘不过气，突然被憋醒	呼吸科/耳鼻喉科
过敏皮肤瘙痒、出红疹	变态反应科/皮肤科
其他	
牙疼、牙龈发炎、肿痛	口腔科
牙疼＋脸疼＋鼻塞	耳鼻喉科
经常运动后牙疼	心内科
失眠、压力大、焦虑	精神心理科
睡不着、睡不香	睡眠中心/神经内科/心理科

体检小贴士

◇ 胃镜检查您知多少?

◇ 肠镜检查您知多少?

◇ 医学影像学检查您知多少?

◇ 生化检查您知多少?

◇ 胃镜检查您知多少?

一、什么是胃镜检查?

胃镜是一种医学检查方法,也是指这种检查使用的器具。胃镜检查能直接观察到被检查部位的真实情况,更可通过对可疑病变部位进行病理活检及细胞学检查,以进一步明确诊断,是上消化道病变的首选检查方法。它利用一条直径约 1 cm 的黑色塑胶包裹导光纤维的细长管子,前端装有内视镜由嘴中伸入受检者的食道→胃→十二指肠,借由光源器所发出的强光,经由导光纤维可使光转弯,让医生从另一端清楚地观察上消化道各部位的健康状况。必要时,可由胃镜上的小洞伸入夹子做切片检查。全程检查时间约 10 分钟,若做切片检查,则需 20 分钟左右。

二、哪些人需要做胃镜?

(1) 有消化道症状者,如上腹部不适、胀、痛、反酸、吞咽不适、嗳气、呃逆及不明原因食欲不振、体重下降、贫血等。

(2) 原因不明的急(慢)性上消化道出血,前者可行急诊胃镜。

(3) 需随访的病变,如溃疡病、萎缩性胃炎、癌前病变、术后胃出血的症状。

(4) 高危人群的普查:①胃癌、食管癌家族史;②胃癌、食管癌高发区。

三、哪些人不可以做胃镜?

（1）严重的心肺疾患，无法耐受内镜检查者。

（2）怀疑消化道穿孔等危重症者。

（3）患有精神疾病，不能配合内镜检查者。

（4）消化道急性炎症，尤其是腐蚀性炎症者。

（5）明显的胸腹主动脉瘤患者。

（6）脑卒中患者。

四、检查前的准备

（1）专科医生会评估后为您开具胃镜检查申请单和常规的血液生化免疫检验，遵医嘱停服如阿司匹林片等的抗凝药物。通常胃镜检查是安全的，但检查前医生将告诉您可能会出现的风险并签署知情同意书。

（2）检查前至少禁食、禁水 8 小时。水或食物在胃中易影响医生的诊断，且易引起受检者恶心呕吐。

（3）如果您预约在下午行胃镜检查，检查前一天晚餐吃少渣易消化的食物，晚 8 时以后，不进食物及饮料，禁止吸烟。当日禁早餐，禁水，因为即使饮少量的水，也可使胃黏膜颜色发生改变，影响诊断结果。

（4）如下午行胃镜检查，可在当日早 8 点前喝些糖水，但不能吃其他食物，中午禁午餐。

（5）糖尿病者行胃镜检查，需停服一次降糖药，并建议备好水果糖。高血压患者可以在检查前 3 小时将常规降压药以少量水服下,做胃镜前应测量血压。

(6) 选择做无痛(静脉麻醉下)胃镜检查,需提前由麻醉师评估,签署麻醉知情同意书,检查当日家属陪同。

(7) 如有假牙,应在检查之前取下,以防脱落发生意外。

(8) 在检查前 3 分钟左右,医护人员会在受检者喉头喷麻醉剂予咽喉麻醉,可以使插镜顺利,减少咽喉反应。

五、检查时的注意事项

(1) 检查当日着宽松衣服。

(2) 左侧卧位侧身躺下,双腿微曲,头不能动,全身放松。

(3) 胃镜至食管入口时要配合稍做吞咽动作,使其顺利通过咽部。胃镜在通过咽部时会有数秒疼痛、想呕吐,这是胃镜检查时较不舒服的时刻。

(4) 当医生在做诊断时,不要做吞咽动作,而应改由鼻子吸气,口中缓缓吐气,不吞下口水,让其自然流到医护人员准备的弯盘内。

(5) 在检查过程中如感觉疼痛不适,请向医护人员打个手势,不可抓住管子或发出声音。

六、检查后的注意事项

(1) 胃镜检查后 2 小时禁食、禁水。若行活检者 2 小时后先进食水、温凉流质,逐步过渡到软饮食,2～3 天后恢复正常饮食,以减少对胃黏膜创伤面的摩擦。

(2) 胃镜检查后有些人会有喉部不适或疼痛,往往是由于进镜时的擦伤,一般短时间内会好转,不必紧张,可用淡盐水含漱或含服喉片。

(3) 注意观察有无活动性出血,如呕血、便血,有无腹痛、腹胀等不适,有异常时及时医院就诊。

(4) 胃镜报告单检查结束后医生即时发出,病理报告单将在一周内发出。拿到胃镜和病理报告单后及时就医。

◇ 肠镜检查您知多少?

随着人们经济生活水平的极大提高,生活物资的极大丰富,高蛋白、高脂肪饮食几乎天天有,肥胖到处见。同时,办公室一族增多,缺少运动引起的肛肠疾病屡见不鲜。好在,当我们的生活条件改善的同时,我们的健康防护意识也在增强。一些较特殊的健康检查项目也逐渐为人们所接受,包括结肠镜检查。

一、什么是结肠镜检查?

结肠镜检查是将一条头端装有微型电子摄像机的肠镜,由肛门慢慢进入大肠,将大肠黏膜的图像同步显示在监视器上,以检查大肠部位的病变。近年来,随着科技的不断发展,新一代结肠镜的构造更加精密、功能更加强大,可以完成从检查到治疗的一系列操作。

结肠镜诊治过程中虽然会有些腹胀不适或轻微疼痛,大多数人都可以耐受。也有少部分人由于大肠走行的差异、腹腔粘连的存在以及患者痛觉比较敏感,或者镜下治疗需要的时间较长等因素,难以耐受结肠镜检查。对于这部分人群,可以通过静脉给药对患者实施麻醉、镇静、镇痛等处理,保证患者处于浅的睡眠状态或清醒而无痛苦的感觉中,完成结肠镜的诊治,这就是无痛肠镜技术。

二、肠镜检查有什么作用?

肠镜健康检查源于医学界对大肠癌(结直肠癌)及其癌前病变的认识,以及结肠镜检查技术的提高。结直肠癌是全世界仅次于肺癌的"癌症大户",关键问题在于这种病的早期症状几乎难以察觉。许多肠癌在确诊时已到中晚期,治疗效果大打折扣。肠镜检查是目前发现肠道病变,包括良恶性肿瘤和癌前病变的最直观、最有效的方法。因此,肠镜检查目前作为诊断肠道疾病的"金标准",运用越来越广泛。

三、哪些人需要做肠镜检查?

肠镜的适应证非常广泛,凡没有禁忌证且愿意进行肠镜检查的任何人都可以接受肠镜检查。通常情况下,结肠镜检查不会包含在常规体检项目中,即一个正常人不需要每年例行体检时做肠镜检查。对于每年常规体检的正常人,建议50岁开始增加肠镜检查项目。这里的正常人指:既往无任何疾病或无特别可能的高危因素者。但当您符合以下情况之一时请及时前往正规医院行结肠镜检查。

(1)原因不明的下消化道出血(黑便、血便)或粪潜血试验阳性者。

(2)大便性状改变(变细、变形),慢性腹泻、贫血、消瘦、腹痛原因未明者。

(3)低位肠梗阻或原因不明的腹部肿块,不能排除肠道病变者。

（4）慢性肠道炎症性疾病，需要定期结肠镜检查。

（5）钡剂灌肠或影像学检查发现异常，怀疑结肠肿瘤者。

（6）结肠癌手术后、结肠息肉术后复查及随访。

（7）医生评估后建议做结肠镜检查者。

四、哪些人不适合做结肠镜检查？

结肠镜检查不是任何人任何情况下都适合做的，一般而言，存在以下情况时暂时不适合接受结肠镜检查。

（1）有严重的心脏病、肺病、肝病、肾病及精神疾病等。

（2）怀疑有肠穿孔、腹膜炎者。

（3）有严重的凝血功能障碍或其他血液病。

（4）年龄太大及身体极度虚弱者。

（5）妊娠期可能会导致流产或早产。

（6）炎症性肠病急性活动期及肠道准备不充分者为相对禁忌证。

五、做肠镜前的准备

在做结肠镜之前是有很多注意事项的，不能吃什么，不能做什么需要了解，不然肠道准备不充分会影响检查结果。常规的检查前准备如下：

（1）专科医生会评估您需要和进行肠镜检

查,医生将为您开具肠镜检查申请单,和常规的血液生化免疫检验。通常结肠镜检查是安全的,但术前医生将告诉您可能会出现的风险并签署知情同意书。

（2）检查前 2 天不吃红色或多籽食物,如西瓜、西红柿、猕猴桃等,以免影响肠镜观察。检查前 1 天午餐、晚餐吃少渣半流质食物,如稀饭、面条,不要吃蔬菜、水果等多渣的食物和奶制品。

（3）检查前 4～6 小时冲服聚乙二醇电解质散溶液行肠道准备。如您预约在下午行肠镜检查,检查前日可少渣饮食,当日早餐禁食,上午 8～10 时冲服聚乙二醇电解质散溶液行肠道准备。中午中餐禁食。

（4）聚乙二醇电解质散溶液配置和口服方法:目前临床上常用的聚乙二醇电解质散有舒泰清、恒康正清等。取 2～3 盒(由医生根据您的体重等因素确定用量)放入 3 000 ml(约普通热水瓶两水瓶)温开水的容器中搅拌均匀,凉至 45～50 ℃后,每 10 分钟服用 250 ml,2 小时内服完。如有严重腹胀或不适,可减慢服用速度或暂停服用,待症状消失后再继续服用,直至排出清水样便。如果无法耐受一次性大剂量聚乙二醇清肠时,可采用分次服用方法,即一半剂量在肠道检查前一日晚上服用,另一半剂量在肠道检查当日提前 4～6 小时服用。另外,服用清肠溶液时可采取一些技巧促进排便,避免腹胀和呕吐:①服用速度不宜过快;②服药期间一定要来回走动(基本按照每喝 100 ml 走 100 步的标准来走动）；③轻柔腹部，这样可以促进肠道蠕动，加快排便；④如对药物的味道难以忍受，可以适时咀嚼薄荷口香糖。

（5）肠镜检查前可服用高血压药，糖尿病药物检查前可停服一次，阿司匹林、华法林等药物至少停药 3～5 天以上才能做检查，其他药物视病情而定并由医生决定。

（6）检查前请带好您的病历资料、原肠镜检查报告等，以方便检查医生了解和对比病情的变化。检查前请妥善保管好您自己的贵重物品。

（7）选择无痛肠镜检查时需要提前行麻醉评估，麻醉师评估符合无痛检查者须签署麻醉知情同意书，检查当日须有家属陪同。

（8）检查当日准备好现金或银行卡，肠镜检查可能附加无痛麻醉、病理活检等诊治项目需另行记账或缴费。

六、肠镜检查痛苦吗？

很多人都觉得做肠镜检查会非常的痛苦，但是随着现代内镜设备的飞速发展和内镜检查技术的日益成熟，大多数人可以较好地耐受结肠镜检查，可能会感到轻微腹胀，但不会感到明显的疼痛。对疼痛比较敏感者，可以考虑选择无痛结肠镜检查，麻醉师在检查前给您注射短效静脉麻醉药，让您在没有疼痛的状态下接受检查。

七、肠镜检查过程中的注意事项?

如果您选择的无痛结肠镜检查,您将会在麻醉没有疼痛的状态下完成肠镜检查。当您选择普通肠镜检查时,心理上不要太紧张,大多数人都能耐受检查的,检查时有任何不适可与医生进行交流。

护士会让您在检查台上左侧卧位、环曲双腿,请尽量放松全身和肛门部,做好缓慢呼吸动作,配合肠镜的插入。肠镜插入和转弯时可能有排便感、腹痛感、牵拉感,为使肠管扩开便于观察,医生要经肠镜注入空气或二氧化碳气体,您会感到腹胀,这时医生也会告诉您改变体位来配合完成检查。

肠镜检查进镜时间为 2~15 分钟,退镜时间要求至少 8 分钟以上。检查过程中医生如发现息肉等病变将会为您做活检做切片病理检查,钳夹时不会有疼痛感。

八、结肠镜检查后的注意事项

(1)肠镜检查后可能会出现腹胀、腹鸣、肛门不适等,一般休息片刻,注入的二氧化碳气体会经肠管吸收或经肛门排气后会自然好转。

(2)肠镜检查后若无腹部不适可吃少量软小点心和巧克力等,检查后当日进流质或半流质饮食,忌食生、冷、硬和刺激性的食物,不要饮酒。

(3)无痛肠镜检查后可能出现头昏、乏力、恶心或呕吐等表现请及时告知医生,留观 1～2 小时好转后方可离院。当日应在家休息,24 小时内不得驾驶汽车、电动车、攀高、运动等。

（4）少数如出现较剧的腹痛应在院观察、禁食、补液,通常肛门排气数小时后会好转。如检查结束回家后出现腹痛加剧、便血、发热等异常情况,请及时来院就诊。

（5）肠镜报告单检查结束后医生即时发出,病理报告单将在一周内发出。拿到肠镜和病理报告单后及时就医。

◇ 医学影像学检查您知多少?

随着计算机技术的飞速发展,传统的放射科已发展成为当今的医学影像科,大体上包括 X 线、CT、磁共振、DSA、超声、核医学。其中 X 线、超声检查作为中华医学会健康管理学分会依据《健康体检基本项目专家共识(2014)》列出的体检"必选项目"和 CT、磁共振等检查在临床上越来越普及。但这些项目检查结果的真实性会受到各种因素的干扰,因此了解影像学各种常规检查的注意事项,可避免这些不利因素影响检查结果的准确性。

一、普通放射检查

(1)X 线具有一定的辐射效应,孕妇慎做检查,请在医生指导下合理选择。

(2)在您付费后需到放射科登记窗口登记,一般无需预约当日即可检查。

(3)检查前需去除检查部位的金属、高密度饰品、橡筋、印花、膏药等物品,穿着棉质内衣(女性做胸部检查需脱去胸罩),避免干扰图像质量,影响诊断结果。

二、CT检查

(1)在您付费后前往放射科登记窗口登记,有时候需要预约,不能当天检查。

(2)怀孕期间,禁止 CT 检查。

（3）检查前去除需要检查部位的外来金属物。① 检查头部：去除发夹、项链、耳环、活动假牙等。② 检查胸部：去除项链（包括金属、玉石挂件等），带有钢丝的胸罩，金属纽扣、拉链、口袋内钥匙、硬币等。③ 检查腹部：去除皮带、拉链、钥匙和硬币等。

（4）行上腹部 CT 检查需空腹，并于检查前口服水约 800 ml，目的是充分显示胃肠道，区分与其相邻的解剖结构关系（急诊及外伤病员除外）。下腹部、盆腔 CT 检查需依具体检查项目由医生告知是否空腹。检查当日按医生要求口服含造影剂的水，不能排尿，膀胱需储中等量尿量，尿液充盈后请告知医护人员安排检查。

（5）CT 检查被检查者要与检查者密切配合，听从指令，如平静呼吸、屏气等。

（6）如需增强扫描请告知医生您的过敏史既往疾病史，严重心、肝、肾功能不全、严重甲状腺功能亢进和碘剂过敏者为增强扫描的禁忌证。检查需家属陪同，并签署增强扫描知情同意书。

三、磁共振检查

（1）在您付费后前往放射科登记窗口登记，需要预约，不能当天检查。

（2）体内有磁铁类物质者，如装有心脏起搏器（特殊型号除外）、冠脉支架、颅内动脉瘤夹、电子耳蜗以及高热的患者，以及孕三个月内的孕妇禁止做磁共振。

（3）装有助听器、胰岛素泵、动态心电图的患者，检查之前应去除。

（4）上腹部磁共振检查前应禁食禁水至少8小时。

（5）磁共振检查前应去除身上铁磁性物品及电子产品，如手机、硬币、钥匙、打火机、手表、活动性假牙、牙托、发夹、发胶、假发、接发、眼镜、拉链、首饰以及各种磁卡、存折等，如无法去除，请及时向医护人员说明。

（6）女性检查前请先去除胸罩，检查盆腔请先除去节育环。

四、B超

B型超声检查的范围很广，不同的检查部位，检查前的准备亦不同。

（1）腹部检查：包括肝、胆、胰、脾及腹腔等。检查前一天晚餐要以清淡为主，晚餐后就不可以吃东西。当天检查不可以喝水，要保证检查时在空腹状体下完成。

（2）妇科检查：应该饮水憋尿，当膀胱充盈后，挤开肠管，让超声更好的穿透到盆腔，清晰的显示子宫及卵巢的正常与异常。

（3）泌尿系检查：应该多饮水，当膀胱充盈后，内部的结石、肿瘤、息肉等，即能更好地显示。

（4）体表肿物及病变：可以即时检查，一般无特殊准备。

（5）心脏及四肢血管检查，亦无须准备。

◇ 生化检查您知多少?

生化全套检查是指用生物或化学的方法来对人体进行身体检查。生化全套检查的内容包括:肝功能、血脂、血糖、肾功能、尿酸、乳酸脱氢酶、肌酸激酶等。用于常规体检普查,或疾病的筛查和确证试验。

一、影响检验结果准确性的因素

(1)年龄和性别:年龄和性别对检查结果的影响相对表现为长期性效应。有些检查项目的参考范围按年龄(新生儿、儿童期至青春期、成人和老年人)进行分组。

(2)性别:由于男女生理上天然不同,有些检查项目如红细胞计数、血红蛋白、血清蛋白、肌酐、尿素、胆固醇等,男性都高于女性。

(3)生物变异:主要包括体位、运动、饮食、精神紧张程度、昼夜更替、睡眠与觉醒状态等变化。例如,血清钾在上午 8 时浓度为 5.4 mmol/L,在下午 2 时可降为 4.3 mmol/L,等等。因此,有些项目的检查,对标本采集时间有严格要求。居住在高原地区的人,血红细胞计数、血红蛋白浓度都要高;居住在含钙、镁盐类较多地区的人,血胆固醇、三酰甘油浓度增高。人体许多物种浓度可随季节发生变化,夏季血液三酰甘油浓度可增加10%。感受冷热和精神紧张也可引起血中许多物质浓度改变。

（4）饮食习惯：进食不久就立即采血检查，血糖、血脂会明显增高，高脂血标本可影响许多物质的检查结果，因此有许多检查项目，均要求前一天晚上 8 时后禁食。喝咖啡或喝茶可使血糖浓度明显增高，长期饮用使血清三酰甘油增高，咖啡因有利尿作用，可使尿中红细胞、上皮细胞等排出增多。进食麦麸等可阻止肠道吸收胆固醇、三酰甘油，进食多纤维食物使血胆固醇浓度减低。高蛋白饮食使尿素氮浓度成倍增高，高脂肪饮食使血总脂肪增高。长期素食者，血低密度脂蛋白、极低密度脂蛋白、胆固醇和三酰甘油浓度仅为荤素混合食谱者的 2/3，而胆红素浓度较高。减肥者因禁食不当，血糖和胰岛素减低，而胰高血糖素和血酮体可明显增高。轻度酒醉时，血糖浓度可增加 20%～50%，常见发生低血糖、酮血症及三酰甘油增高；慢性酒精中毒可使血清谷丙转氨酶等活性增高。每吸入 1 支烟，在 10 分钟内血糖浓度就可增加 0.56 mmol/L，并可持续 1 小时之久；胆固醇、三酰甘油、红细胞计数和白细胞计数都增高。

（5）运动影响：运动对检查结果的影响程度，与运动强度和时间长短有关。轻度运动时，血清胆固醇、三酰甘油浓度可减低并持续数天；步行 5 分钟，血清肌酸激酶等活性轻度增高；中度运动时，血葡萄糖浓度增高；剧烈运动时，血三酰甘油浓度明显减低。

（6）采血部位：从卧位到直立时，血液相对浓缩,谷丙转氨酶等活性增高 5%,胆固醇浓度增高 7%,三酰甘油浓度增高 6%。

（7）标本送检时间:大多数生化检查项目从采集到检验的时间要求越短越好,最好在 1 小时内。

（8）用药情况:药物对检验结果的影响是多方面的。例如,青霉素、地高辛等药物使体内肌酸激酶等活性增高,维生素 A、维生素 D 可使胆固醇升高,利尿剂常引起血清钾、钠浓度出现变化。

二、生化检查前准备

一般而言无论您是门诊就医或是参加健康体检行生化检查,都应遵照医嘱,控制食物、药物等各种相关的干扰因素,在采集标本前还应告知医生有关自己的饮食、用药等情况,不要心理假定医生会知道每种可能的情况。只有您与医生双方共同努力,才能保证检查结果的准确性。

（1）需要空腹:生化检查前保持空腹,最好在前一天晚上 8 时后不再进食,第二天早上不吃早饭直接进行抽血生化检查。

（2）不可饮酒:酒精会影响到部分化学反应,导致检查结果错误,在生化检查前一定不饮酒。

（3）检查前不可过量运动:抽血前 2~3 天建议不要做过猛的健身运动,大量运动会导致机体的转氨酶等含量变化,导致检查结果不准确。因此建议在生化检查前 2 天起保持常态活动量,不在剧烈活动后检查。

（4）药物干扰：由于药物对检验结果的各种影响，建议您在抽血前 2～3 天内咨询医生，在其指导下调整用药。

（5）控制饮食：不同的检验项目要问清医生，区别对待。大多数生化检查项目都要禁食 12 小时，禁水 8 小时，如果检测餐后血糖，则一定要吃饭后再做检查。血脂检查之前建议不要吃含油脂过高的食物，如荷包蛋、排骨汤等。

（6）抽血检查当天，不要穿袖口过小、过紧的衣服，以避免抽血时衣袖卷不上来或抽血后衣袖过紧，引起手臂血管血肿。